# 商业空间
## 设计与实践

卫东风 编著

新版高等院校设计与艺术理论系列

COMMERCIAL

SPACE

DESIGN

AND

PRACTICE

上海人民美術出版社

# 目 录
## contents

商业空间设计研究和教学都离不开对商业概念、商业类型、空间基本理论的教学研究。目前的商业空间设计教学的教材与教学重点存在着这种偏向：对商业概念和商业模式、营销策划关注太少，对室内空间结构和组织设计缺少教学组织，教学内容多是常规的室内设计实用技术推广、对室内空间的一般显性认识、对室内空间的常见形式变化的罗列。关于本书编写、教学安排有如下思考和建议。

（1）透过营销看空间。商业形态决定商业空间构成，以商业营销理论指导空间设计，提倡要对商业零售店进行系统调研，认识商业，才能够做好商业空间设计。

（2）透过建筑看室内。我们倾向于借鉴建筑空间理论和教学研究来提升商业空间设计教学与研究。透过建筑看室内，建筑是"基石"，空间是"核心"，家具是"要素"，展示是"拓展"。

（3）空间组织设计能力决定创意能力。人们对身边空间常表现得熟视无睹，更缺少对空间组织关系的认识；相比建筑外观实体，人们对室内虚空感知不敏锐。我提倡学习空间理论，带着认知目标去感受空间环境，创造新的空间。

（4）加强生态设计意识与生态设计能力培养。从对生态设计定位、生态设计机制、生态设计形态等的认识，阐述生态设计设计在商业空间中的适用性，注重培养未来设计师的生态设计意识。

（5）关于设计教学和实践。设计教学并不仅仅是一种理论或方法的应用，其自身已经成为具有一定独立性的研究或创造活动。在对现实的商业空间各种状态和条件的模拟基础上，通过教学过程中师生双方的设计讨论和操作，取得异于行业程式化的创新成果。

（6）关于商业空间设计图例。本书的插图采用与文字内容模糊对应，重点突出新商业空间概念创意设计表现，通过系列案例，诠释空间认识和操作能力、材质和色彩运用表达、光环境设计、类型设计、生态设计。

编者从事室内设计教学与实践多年，本书试图去适应多种层次的教学要求。由于编者水平有限，书中不妥之处难免存在，恳请专家、学者及广大读者提出宝贵意见。

卫东风

# 1

基本特点

· **课前准备**

请每位同学准备 A4 白纸 2 张，规定时间 10 分钟，默写自己所熟悉的不同商业形态分类。10 分钟后，检查同学们的文字，并保留文字作业至本章教学结束，对照比较自己的认识与教学要求的异同。

· **要求与目标**

要求：通过对本章的学习，学生应充分了解商业行为的历史沿革，掌握基本的商业空间概念，走进身边空间中认识和发现有意味的商业空间形态。

目标：培养学生的专业认知能力，观察与思考身边的商业形态和商业空间类型特点，为商业空间设计课程学习打好基础。

· **本章要点**

①商业形态基本概念

②商品对空间的影响

③商业空间分类基本知识

· **本章引言**

人们对身边商业空间常表现得熟视无睹，自认为最熟悉身边的空间环境，其实不然。本章的教学重点是让学生从了解商业和商业空间基本概念入手，认识商业形态和其空间形态分类基本特点，为商业空间设计打好基础。

随着商业模式的变化，商业形态不断向多元化、多层次方向发展，表现为购物形态更加多样。在本节中，我们重点讨论商业、商业形态概念，以及商业空间沿革。

## 第一节　商业形态

### 一、商业

商业是以货币为媒介进行交换从而实现商品流通的经济活动。商业有广义与狭义之分。广义的商业是所有以营利为目的的事业；而狭义的商业是专门以商事为主体的营业活动或以消费服务为主的经营性活动。它在商业活动中起到了解消费需求、推销产品、进行商业服务、预测市场前景等作用。大多数的商业行为是通过卖出商品或服务来盈利，还有些商业行为只是为了提供运营商业所需的基本资金，一般称这种商业行为为非营利性的，如各种基金会的工作活动等。

### 二、商业形态

商业的集聚是商业的一种表现方式。从古到今，商业的集聚这种现象都普遍存在着。随着时代的变迁，近几十年科技及生产力的不断发展，人们的消费水平、消费方式、消费模式的变化使得这种商业集聚更加趋于明朗化。商业的集聚可大致分为点、线、面三种形态。（表1-1）

**表1-1　商业的集聚和形态表**

| 商业形态 | 形态特点 | 商铺类型 | 空间特点 |
|---|---|---|---|
| 散点状形态 | 人们日常居住的居民区、交通干道沿线的便利店 | 传统商铺、社区商铺、专卖店 | 小、中型，具有相关功能特点 |
| 单点状形态 | 单点状的商业航母，在人们日常居住的居民区、城市郊区零星布局 | 大型超市、仓储商店 | 单体商业空间规模大，类型全 |
| 条带状形态 | 表现为商业街或专营商业街，是一种沿街分布的形态，例如北京的王府井大街、南京的湖南路商业街等 | 商业街商铺、购物中心、大型商业中心 | 行业类型和分类较统一，空间类型丰富 |
| 团块状形态 | 团块状的形态有我们熟知的义乌小商品城、北京的潘家园旧货市场、东部的商务中心区等 | 综合与专业批发市场、购物中心商铺 | 行业类型统一，空间聚集 |
| 混合状形态 | 混合状的商业集聚是近年来出现的商业业态，在空间拥挤的办公区、地铁等地方布局 | 写字楼商铺、地铁机场商铺 | 空间规模小，类型交叉 |

### 三、商业空间沿革

#### 1. 起源

原始社会时期，人类便开始从事各类商业活动，开始是以"以物易物""互通有无"的不定期交易方式进行的，后来发展为定期的集市形式。这种集市的形成与人类生活方式或习惯（农事、宗教、习俗）等有密切关系，并逐渐以"赶集"和"庙会"等形式固定下来，聚集于渡口、驿站、通衢等交通要道处相对固定的货贩以及为来往客商提供食宿的客栈，这些成为固定商铺的原型。

#### 2. 发展

商铺的固定带来了不同的商品行业种类——集镇或商业区，固定化的商业空间必然需要配备一定的商业设施，为来往的客人提供方便，促进交流，从而更好地配合商品交易。于是，相应的交通、住宿等其他休闲设施及货运、汇兑、通信等服务性的行业也随着商业活动的需求而产生。商业活动由分散到集中，由流动的形式变成特定的形式。

随着商品经济及科技的发展，现代的商业活动空间无论在形式、规模上，还是功能、种类上，都远远优于过去的形制。（图1-1~8）

图1-1 南通老街，二层木构建筑，对称布局。

图1-2 老北京前门大栅栏店铺。店招牌匾林立，固定的商业模式。

图1-3 老北京前门大栅栏店铺。柱式、扶栏、挂落、店招暖帘等立面形态丰富。

图1-4 老北京前门大栅栏店铺。有轨电车是重要的空间要素。

图1-5 传统餐馆空间复原，室内、庭院、门前路边空间三位一体，自然和谐。

图1-6 传统布料店铺空间复原，集陈列、接待、结算空间于一体。

图1-7 传统成衣铺空间复原，量体裁衣、出样陈列、前店后坊格局。

图1-8 传统铁匠铺空间复原，加工空间与产品销售陈列空间并置。

商品、商业形态及模式制约着商业空间构成。在本节中，我们重点讨论商品要素、形态、销售与空间要素的关系。

## 第二节　商品对空间的影响

### 一、商品要素与形态

商品，是为交换而生产（或用于交换）的对他人或社会有用的劳动产品。狭义的商品仅指符合定义的有形产品。广义的商品除了可以是有形的产品外，还可以是无形的服务，如保险产品、金融产品等。对空间产生影响的有形产品要素，包括商品形态要素、商品尺度、商品包装等。商品有品质、价格、包装和服务这四个基本要素。商品品质包括其功能、使用寿命、性能、可靠性等；商品的价格高低通常反映了商品品质、品牌等因素；商品的包装除了保证商品安全，还可以起到宣传品牌、加强商品形象等作用。商品形态主要是指商品的外形，如日用品的外观、家电产品的外形、手机款式，也包括材质质感等。商品要素与形态的关系表现在以下几点。

1. 商店销售的产品外壳和包装，其形态有大小之分，有硬质外壳和软质外壳之分，需要不同对待。如，家电产品，其本身是硬质外壳，可以独立陈列，需要留有适宜的空间位置。

2. 要考虑家电、电子产品销售中的演示操作的方便。

3. 服装成衣和家纺产品是软质形态，需要有支撑设施、悬挂设施、覆盖来陈列销售，以及试用试穿等方便接触产品的空间。

4. 一般情况下，产品的自身硬质尺度越大，对空间的依附性越小。如汽车产品专卖店，以环绕型空间衬托为主，不会做太多的围合构建。

## 二、商品销售及服务

商品销售是指商品生产企业通过货币结算出售所经营的商品，转移所有权并取得销售收入的交易行为。不同商品形态有不同的销售形式。以食品店和餐厅为例，销售的产品都是食品，但餐厅销售形式是包括食品和食用操作的有形服务、有形空间使用过程。因此，不同的商品销售服务形式和商品形态也决定了对商业空间的设计和使用要求。

一般来说，餐饮价格和有形服务、有形使用的空间环境质量成正比，越是价格贵的餐厅、专门店、珠宝店，空间环境也越高档。可见，空间环境质量、提升商品销售服务质量和销售价格有直接关系。

## 三、空间为商品销售服务

空间为商品销售服务的要点包括以下几点。

1. 商品销售策划与环境分析：对所售商品的种类与特点、潜在的消费群体、销售份额与优势、市场发展的走势以及经营所在的位置与环境等方面进行调查与分析，从而罗列出空间设计计划。

2. 空间布局直接性：在有限的时间与空间内，尽可能地调动消费者的消费欲望，让其最方便、最直观、最清楚地接触到商品是首要目标。

3. 强调商品的陈设：在陈设设施、布光等方面全方位、多方面地突出店内的商品以及相应的展台、展柜、橱窗设计等的展示效果。

4. 强调空间的引导性和视觉性特征：将一些标志、招贴、广告等平面设计的元素在空间中加以应用，让这些具有标志性和引导性特征的设计元素始终充斥着消费者的眼球，从而由生理的感观刺激心理，直至产生消费行为。（图1-9~12）

图1-9 通过弱化背景色调，个性家具陈列成为空间主角。

图1-10 小型家具设施产品出样，需要设置地台和底托。

图1-11 服饰店通过围合陈列柜布局和独立摆放，体现空间层次。

图1-12 在仿真室内环境中布置家纺产品，顾客在体验中购物。

　　商业空间的格局分为三个部分，即商品空间、店员空间和顾客空间，其中商品空间为主要空间。在本节中，我们重点讨论沿街门店的空间特点和室内设施基本特点。

## 第三节　商业空间分类和基本要素

### 一、空间分类特点

　　不同的商品销售和商业服务环境造就了不同的空间类型和特点。对空间分类特点的熟悉，是做好商业空间设计的基础。依据商业建筑规模与空间的分类，商业空间有区域、行业、大小等分别。（表1-2）

表1-2 商业建筑规模与空间的分类特点表

| 名称 | 区域规模特点 | 经营特点 |
|------|-------------|----------|
| 商业区 | 城市内部零售商业聚集交易频繁的地区，通常以全市性的大型批发中心和大型综合性商店为主 | 其特点是商店多、规模大、商品种类齐全，具有较强的聚集效应和人气 |
| 商业街 | 区别于商业区，以入口至出口为中轴，街两侧对称布局，有专业商业街和复合商业街等 | 专业商业街中，商铺往往集中经营某一类商品 |
| 商业中心 | 指担负一定区域的商业活动中心职能的城市，或一个城市内部商业活动高度集中的密集之地 | 商业中心往往经营种类齐全，生活服务设施完善 |
| 大型商场 | 有大型百货商场、超市、购物中心等，一般设在经济繁华的地区，地理位置靠近中心城区 | 比单一零售业态更具有多种功能和综合优势 |
| 专卖店 | 销售某品牌商品和某一类商品的专业性零售店，针对特定的顾客群体而获得相对稳定的客源 | 大多数企业的商品专卖店还具备企业形象与产品品牌形象的传达功能 |

以上的分类是依据建筑规模对零售业空间进行分类。此外，还可以根据行业进行空间细分，如酒店业、餐饮业的空间类型。

## 二、功能与表现特点

每一个行业类别都有着与自身经营需求相符，经过长期积累所形成的相对统一的空间模型，具有相对稳定的属于自身商业空间的功能与表现特点。

### 1. 功能性特点

商业空间的功能性特点体现在符合行业空间使用需要的适合性上。商业零售空间要有利于提高商品展示环境品质，这对销售业绩有直接影响。酒店、餐饮店、美容美发店要有合理的功能布局与流线设计，合理的后场空间。大型商场须有完善的视觉识别导向系统、设备设施系统、仓储系统、路径网络系统。

### 2. 商业空间表现性特点

商业空间五光十色、千变万化，但从总体特点来看，不同的商业类型和使用要求，影响并形成了行业空间格局，表现出集中化、地域化、综合化、多元化、仓储化等特点。（表1-3）

表 1-3 商业空间的表现性特点

| 名称 | 表现性特点 | 综合要点 |
|---|---|---|
| 集中化 | 业态经规整后集中，如美食一条街一层楼面、珠宝一条街、轻食茶饮一条街。有相似性的片区建筑风格和店招风格。 | 合并同类，集中布局，店招规制，谋求共生。 |
| 地域化 | 南北方不同省份、不同民族地区对待商业空间类型、使用、装饰处理有鲜明的地域类型特点。 | 地域特色和民族风格生成独特空间样式。 |
| 综合化 | 商业形态和模式更具综合化特点，商品种类细分，包揽式综合全面，空间聚集，互为补充。 | 满密聚集，店面空间插接式布局，店套店。 |
| 多元化 | 不同行业和业态互为穿插影响空间功能和风格多元化，地铁商铺、办公商铺、展厅化商铺配套全面、服务延伸。 | 办公和展厅并置，影城、电玩商城并置。 |
| 仓储化 | 商业销售空间前置，仓储空间为直播销售现场，企业流水线生产空间与销售空间共生，凸显所销售产品品质与企业实力。 | 生产空间与商业销售空间混搭并置。 |

## 三、商业空间基本要素

商业空间的基本特点因室内外空间与设施而不同。商业空间的店面（包括门头、橱窗设计等）很大程度上代表了一个商业空间的经营性质与理念。门店空间应以多样的陈设手法去展现所经营的商品和类型，并达到较为强烈的可辨识度要求。室内空间的顶地墙、隔断体现了商业空间功能和表现。（图1-13~16）

### 1. 室内外空间要素

（1）顶地墙。这是室内空间围合与构成的基本要素。

（2）入口。入口空间形态与经营类型相互关联。

（3）大门。使用高门、宽门、封闭与通透门，可以产生不同的商业效果。

（4）雨棚。其尺度、前伸长短和形态，是构成店面形象的主要要素。

（5）标识。涉及CI企业形象设计的店名称、标志、标语、字体、标准颜色、标准排版、包装、店面形象、广告设计等方面。

（6）色彩。门、门框、柱、墙的色彩。

（7）橱窗。由建筑要素——窗改造装饰构成可将商品出样的陈列空间。

（8）照明。外立面和室内照明是经营氛围塑造、标识与形象要素。

## 2. 家具设施要素

（1）销售性家具设施。如收银台、货架、橱柜等。

（2）陈设家具设施。商场的展柜是表现商品的主要载体。

（3）服务性家具设施。如桌椅、服务台、厕所等，是落实销售过程的必要设施要素。

（4）装饰设施。由环境标识、空间视觉中心装饰、空间装饰等构成。

图1-13 空间呈现集中化、综合化、多元化商业类型特点，室内主立面的黑白装饰图片成为设计中心。

图1-14 由装置艺术构成的室内吧台设计，通过变换环境光营造气氛。

图1-15 商店空间形态、表皮材质、标识系列、光环境设计突出了展示性特点。

图1-16 室内重点区域通过设置艺术装置发挥了视觉中心化作用，彰显前卫艺术风格。

## 1.　理论思考

（1）什么叫商业形态?

（2）什么叫商业模式?

（3）请举例简述商业空间表现性特点。

（4）请举例简述沿街门店空间特点。

## 2.　操作课题

（1）选择适合的社区商业街,对门面拍照,不少于20个门面。通过对所拍摄资料的归类和分析,总结商业空间的分类特点。

（2）选择适合的社区商业街,对门面拍照。搜集门面的大门款式,勾画线描,对大门的开合方法、材质、装饰细节进行分类和总结。

## 3.　相关知识链接

（1）请课后阅读《中国商业史》,王孝通著,宫运维整理,浙江工商大学出版社,2022年11月。

（2）请课后阅读《商业模式2.0图鉴》,〔日〕近藤哲朗著,中国青年出版社,2020年1月。

**·课前准备**

请每位同学准备 A4 白纸 2 张，规定时间 10 分钟，默写自己所认为的商业空间设计基本程序大纲。10 分钟后，检查同学们的文字，并保留文字作业至本章教学结束，对照比较自己的认识与教学要求的异同。

**·要求与目标**

要求：了解商业空间设计有哪些具体程序；熟悉各个阶段的基本任务、商业空间设计的制图内容以及设计表现图的相关知识。

目标：培养学生的专业操作能力；学会有序安排各个阶段的设计分析、资料整理、设计任务；按照设计规范要求，完成有质量、深度、完善的图纸；同时具备良好的沟通能力。

**·本章要点**

①设计资料准备、手法、要点

②概念确立，草图草模设计

③系统、空间、主要平面立面设计要点

**·本章引言**

商业空间设计程序是保证商业空间最终效果的前提，其设计的进程一般分为四个阶段：设计前期、概念设计、方案设计、施工图设计。

在准备设计项目前，设计师与业主交流是必要的一个环节，主要目的是充分了解商业环境的具体内容，认真领会业主的设计要求、动机和项目资金情况。在本节中，我们重点讨论接受委托与业主的交流、实地勘测及作业流程分析方法。

## 第一节 设计准备阶段

### 一、接受委托

在接受设计任务、开展工作之初，设计师必须了解项目的背景以及同类项目的情况，带着自己所掌握的知识经验情况与业主交谈，以便对即将设计的项目有更加清晰的认识。与业主交流的作业程序如下（表2-1）。

表2-1 接受委托与业主交流的作业程序表

| 程序 | 作业内容 | 综合要点 |
|---|---|---|
| 交谈 | 了解业主的功能需求，以及受众人群的年龄、爱好、习惯等，这些都是设计师需要知道的基本素材 | 了解业主 |
| 介绍 | 使用范例给业主做介绍，看是否可行。设计师可拿出案例样本，直观地展现给业主，通过交流，找到双方共同的结合点 | 引导业主 |
| 建议 | 保持良好的态度并适当地给予建议，切不可固执己见或一味迎合业主不切实际的想法。发挥专业特长，取得业主的信任 | 专业意见 |
| 预算 | 交谈中要了解整个项目的投资预算，在预算范围内合理地进行设计与规划，避免因为资金问题而使设计中断。合理使用资金 | 合理造价 |

在与业主进行充分深入的交流之后，设计方应与业主进行设计任务书，如意向协议文件、正式合同等的制定，从而在项目实施之初确定设计的方向并保证设计师的经济利益。设计任务书是制约委托方（甲方）和设计方（乙方）的具有法律效力的文件。

### 二、实地勘测

设计项目启动需要进行充分的实地调查与勘测，以便了解建筑空间的各种自然状况和制约条件。在现场实地勘测时，应带上笔、卷尺、速写本和建筑图纸，最好带部相机，便于直接记录现场的各种空间关系状况。（表2-2）

表 2-2　现场实地勘测作业程序表

| 程序 | 作业内容 | 综合要点 |
|------|---------|---------|
| 看空间 | CAD 建筑图所表现的建筑状况是很有限的。看空间的朝向，感受空间尺度关系、空间围合关系和流线关系 | 空间关系 |
| 看采光 | 了解建筑窗的自然采光、光照度、早晚光照、营业时间段等，综合思考照明设计 | 照明设计 |
| 看层高 | 有些建筑层高偏低，现场勘查后，再决定顶部的造型设计。有些建筑层高好，要善于利用高度营造特定的空间体验 | 顶面设计 |
| 看管线 | 建筑图中，有些会漏标设施管线情况，需要到现场核实清楚 | 设施管线 |
| 看消防 | 了解消防通道，要符合消防设计规范。整合流线设计。确保长期使用安全 | 消防通道 |
| 量尺寸 | 建筑图与建筑空间现场的不符合情况非常普遍。一定要测量清楚建筑柱、隔墙大小、室内开间宽窄 | 复核尺寸 |
| 看环境 | 看建筑外立面和周围的环境，以便于了解建筑状况和制约条件 | 周边环境 |

### 三、作业流程分析

对商业空间使用的研究离不开对不同商品销售和商业服务作业流程的分析，只有完全清楚作业流程，才能够更好地展开空间规划设计工作。一般作业流程大致可分为以下三个阶段。

1. 业态分析流程。包括市场分析、商圈调查、选址装修、筹备开业等。其中前期的市场分析与商圈调查是进行商业行为的基础，主要定位商业空间的商品类型、行业前景、消费人群等，从而确定店面设计定位。同时，应根据不同类型的商业空间制定相应的销售手段、营销方式、管理制度等。

2. 空间使用流程。不同的商业空间使用流程有许多特殊要求，在功能上和设施上会有较大的差异，但从其空间与服务性质的关系上来分，有直接与间接的区别。

3. 资料整理。通过与业主的交谈以及调研、实地勘探工作，设计师明确设计任务的各个方面，包括空间的使用性质、功能特点、设计规模、定位档次和投资标准等相关内容，并将所搜集资料，以及实地勘测的数据、照片进行分类整理，还要复核图纸尺寸、管线位置。

方案设计阶段是重要的设计操作阶段，包括概念提出与构思创意、功能设计及细化落实、方案设计及图纸表达。在本节中，我们重点讨论商业形态与模式确立、概念确立和草图草模表达、功能设计和方案设计步骤。

## 第二节　方案设计阶段

### 一、概念设计

概念设计是利用设计概念并以主线贯穿整个设计始终的设计方法与

设计步骤之一，是设计者感性和瞬间思维的凝结，也是设计者创造思维的一种体现。（表2-3）概念设计也是由业主提出需求到生成具体实物的一系列有序、有组织、有目标的设计活动，它表现为一个由模糊到清晰、由抽象到具体的不断完善的过程。（图2-1）

## 表2-3 概念设计作业程序

| 程序 | 作业内容 | 综合要点 |
|------|----------|----------|
| 初步概念 | 分析业主要求和前期调研资料，提出设计师的初步概念思考。提出经营概念、空间概念和富有冲击力的概念主题词 | 主题词要简约、富有冲击力和联想 |
| 交流反馈 | 充分交流，听取业主意见和合作设计者的意见。尊重其使用要求和功能要求 | 吃透业主心思，确定初步发展方向 |
| 概念生成 | 确定发展方向，细化概念内涵表达。确定概念主题图形、主题词。结合造价和功能区划确定空间规划草图 | 空间规划泡泡图，重点突出、自由表达 |
| 概念设计表现 | 1. 简约的文字策划文本<br>2. 主要空间分析图，功能图、流线图<br>3. 主要空间节点透视效果和模型分析<br>4. 简约、直观、有亮点的草图草模设计图<br>5. 经过挑选和修改的相关图片资料 | 要快速、简约、直观、有亮点，要概括性表达新设计理念和新奇之处，打动业主 |
| 交流反馈 | 要表明设计师的创新和意见，打动业主，听取业主修改意见。业主只会和感兴趣的概念设计做深度交流。确认发展框架 | 不能够打动业主的概念设计是不成功的 |

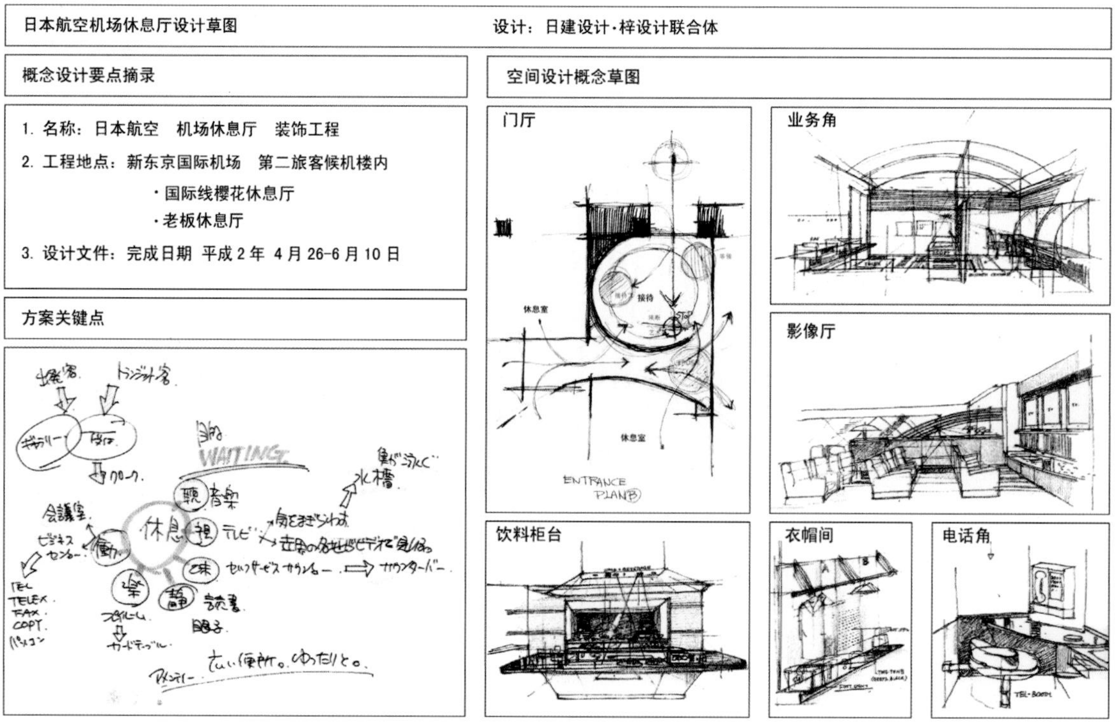

图2-1 概念设计包括对项目关键词分析、功能要素泡泡图、布局分析草图和空间透视草图。

## 二、功能设计

熟稔商业空间的功能是设计整个方案的大前提。功能设计要点如下。

1. 经营需求：符合经营需求是第一要务。用文字和草图表达出设计项目的行业类型特点和满足特殊要求的功能设计。

2. 区域分配：确定直接营业区面积大小和布局、间接营业区和辅助空间的位置和面积，需要反复排布平面。

3. 流线设置：根据粗略的区域分配细化设计，完成区域细化和连接、主次交通流线、家具排列、景观视线设计。通常要完成2~4个比选方案。

4. 空间节点：梳理空间关系，如接待空间、共享空间、顾客空间、陈列空间、交通空间、服务空间等，确定其连接与接触、独立或重叠、功能和景观关系。

5. 建筑规范：检查是否符合建筑规范，以及消防要求的空间分割、路径流线（方便逃生）、内部功能空间开门数量（依据消防要求的开门设置）、安全结构设施设计。

## 三、方案设计

方案设计不同于概念设计，概念草图注重设计思维的表现，不太讲究尺寸比例、制图规范等，只讲大关系，其准确性与严谨性不够。方案设计图是概念设计草图的具体化和准确化。不管是手绘还是计算机绘制，都要求有准确的尺寸、适当的比例，以及规范的制图。（表2-4）

### 表2-4 方案设计图纸要求表

| 名称 | 作业内容 | 综合要点 |
|------|---------|---------|
| 图纸说明 | 包括项目的总体设计说明、基本图纸内容、设计范围、建筑与室内设计依据和规范、设计创意、使用材料、照明设计说明等 | 总体设计说明 |
| 平面图 | 平面图是其他设计图的基础，主要用于表现空间布局、交通流线、家具陈设摆放、墙壁和门窗位置、地面铺设形式等，包括平面功能布局图和地面材质图。图纸常用比例为1:100、1:50 | 系列图纸 |
| 顶面图 | 顶面图表现的是天花板在地面的投射情况，内容有：层高、吊顶材质、造型尺寸、灯具及位置、空调风口位置等，常用比例为1:100、1:50 | 系列图纸 |
| 立面图 | 立面图是用于表达墙面、隔断等空间中垂直方向的造型、材质和尺寸等相关内容构成的投影图，能清楚地反映出室内立面的门窗、墙壁、隔断、橱柜等家具的设计形式和构造（可移动的家具设施除外），常用的比例是1:100、1:50 | 主要立面图纸 |
| 效果图 | 依据平面图、吊顶图、立面图的真实尺度，绘制主要空间场景效果图，真实反映空间形态、光环境设计、材质和表皮 | 效果精致 |
| 文本制作 | 包括设计说明、概念生成、基本图纸、效果图、概算估价、PPT或动画演示文件的文本和主要图纸的电子文件 | 完整丰富 |

**案例：SCHEME餐厅室内设计**

设计：顾韫洁（图2-2~9）

　　作品将目标客户定位为青年消费者，希望设计风格具有未来科技感，打造一个与时代科技共进退、不同于当代以营利为目的的餐厅以提供给科研人员，为高层次科研人才提供物质补充和精神补给。餐厅室内空间的体积感和创意来自柯布西耶设计的朗香教堂，具有不规则的雕塑状外形，即倾斜的墙、屋顶及楼板。从样式和形式上来说，它是非常复杂的。我想用简单的布局和有趣的体积去创造平衡的空间与营造气氛。与此同时，我用各种巨大的体积进行有规划的切割，中庭酒吧吧台的顶部设计就是受到朗香教堂那朝天卷起的曲线屋顶的影响，给予顾客们一种用餐的仪式感和几何体积上的震撼力。

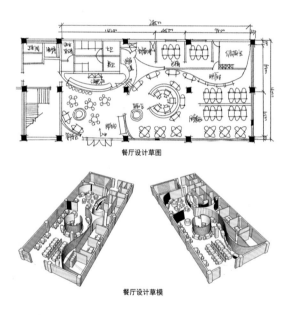

餐厅设计草图

餐厅设计草模

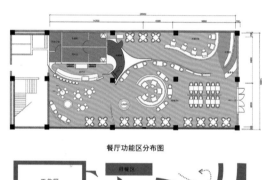

餐厅功能区分布图

餐厅流线图

图2-2 概念设计。创意来自柯布西耶的朗香教堂，具有不规则的雕塑状外形，即倾斜的墙、屋顶及楼板。

图2-3 通过平面布局的分区和动线研究，绘制家具草图和餐厅空间模型，检查形态组合关系。

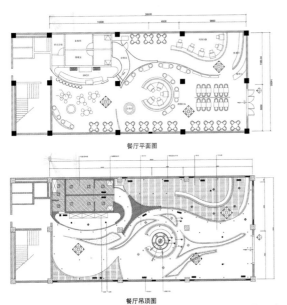

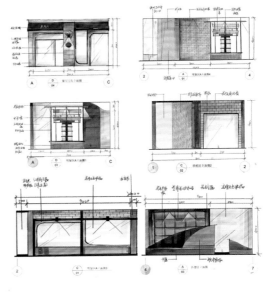

图2-4 施工图初步设计。通过对餐厅使用功能、顾客餐饮活动流线、区域关系的分析,调整平面布局及照明设计。

图2-5 完成初步立面设计,深化主要空间立面细部设计及空间的构成元素,确定餐厅初步效果表现。

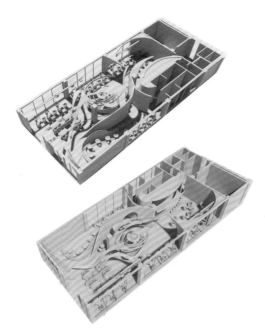

图2-6 空间渲染表现,草模设计。餐厅整体的空间组织为组团式布局,通过重点围合和地面色彩进行区域分区。

图2-7 初步空间测试效果建模,检查形态、大小、方位等相对集中的"主干"流线设置。

图2-8 色彩设计。空间初步概念色彩材质设计，检测餐厅主体设计适宜性，形成丰富的空间形态。

图2-9 彩色沙发点缀、穿插于空间中，将各功能区域串联起来，使空间灵活、多变、有序。

## 案例："外婆家"餐厅室内设计（图2-10～13）

图2-10 地方菜馆"外婆家"由老房子、老砖瓦、老乌篷船组成情景再现，点缀老灯具、皮箱、家具物件，勾起人们关于绍兴的记忆。

图2-11 餐厅交通空间和转折处设置灯具、烛台等艺术陈列品，塑造就餐氛围。

图2-12 餐厅公共空间设置老桌椅等待区、留言簿、老画册等物件将顾客带入特定的情境中。

图2-13 就餐区布置紧凑，光环境温馨雅致，材质丰富，创意独特，空间组织生动，展示效果强烈。

　　施工图设计是对方案设计图中所确定内容的进一步具体化，需要绘制工程图纸。在本节中，我们重点讨论施工图设计的规范、步骤、要点，施工交底与跟踪设计变更，竣工时间与软装设计要点。

## 第三节　施工图与设计实施阶段

### 一、施工图设计

　　施工图设计阶段，是将方案设计图进一步修正、规范、细化、完善，变成工程图纸的最关键一环，是为现场的施工、施工预算编制、设备与材料的准备、保证施工质量和进度提供必要的科学依据。施工图设计要点包括以下几点。

　　1. 精确详尽。施工详图与设计方案相比，尤为注重图纸表达尺寸的精确和细节的详尽。

　　2. 局部详图。对于一些特殊的节点和做法，一般要求以局部详图的方式将重要的部位表示出来（局部详图是平面、立面或剖面图任何一部分的放大，主要用来表达平面、立面和剖面图中无法充分表达的细节构造部分）。

　　3. 比例尺寸。总平面图常用1∶100比例，而局部详图用较大的比例尺寸，如1∶10或更大的1∶1比例，来表示详尽的造型或做法的细节。

　　4. 图纸完整。施工图一般包括平面图、立面图、剖面图、大样图、系统图等；按工种分，有装施（装饰施工）图、电施（电气施工）图、暖通（暖通通风）图、给排水图等。

　　5. CAD修改。施工图绘制通常使用的是Auto CAD软件，便于施工过程中的跟踪修改、度量尺寸，以及竣工决算资料出图。

## 二、施工交底与跟踪设计变更

施工交底是指设计师在施工前向施工单位说明设计意图并进行图纸的技术性指导工作。它包括：就设计的总体意图向施工人员进行解说，听取施工方提出的各种施工技术疑问，并回答相关问题。在施工过程中，设计师负责对与现场出入很大的设计进行局部修改、补充和变更。设计变更原因见表2-5。

### 表2-5 变更设计的事项表

| 名称 | 变更说明 | 综合要点 |
|------|---------|---------|
| 变更设计 | 是指在施工过程中根据现场实际情况对原先施工图样及施工方法进行局部的修改和补充，并将改动和补充体现在变更后的图样上 | 修改补充 |
| | 跟踪设计的同时要紧扣商业空间的特点进行变更，不能跳脱原题 | 紧扣特点 |
| | 根据性质和涉及费用的不同，重大变更，即改变技术标准和设计方案的重大变动，涉及造价、工期和效果，要慎重，需要业主和监理批示 | 重大变更 |
| | 重要变更，即不属于重大变动范围的较大变更，需要业主和监理批示 | 重要变更 |
| | 一般变更，即变更原设计图样中明显的差错和漏洞 | 一般变更 |
| 变更事由 | 来自甲方的因素，如产权变更、转换经营方向、变化经营方式、降低或抬高装修标准等 | 来自甲方 |
| | 来自施工方的因素，如遇到技术问题、施工设备限制、材料市场缺货、节约工程成本等 | 来自施工方 |
| | 来自监理工程师的因素，如施工条件、施工难易程度、临时发生的各种问题 | 来自监理方 |
| | 第三方因素，如当地政府部门或周边群众提出的变更要求 | 第三方 |
| | 设计单位的因素，如有新的考虑或进一步完善设计等 | 设计方 |

## 三、竣工图与软装设计

竣工图。是在工程验收合格之后，由施工单位根据工程的实际情况绘制的一套图样，以作为工程决算的依据和建档资料的留底。竣工图应该能正确地反映出工程量、工程用材及工程造价，并能体现设计的功能及风格，出图深度同施工图。竣工图作为重要的归档备查的技术图纸，必须真实、准确地反映项目竣工时的实际情况，应做到图物相符、技术数据可靠、签字手续完备。

软装。室内除固定的设施，如墙面、门窗位置、顶棚等一些原有的建筑造型以外，其余可以移动的装饰物及设施，如沙发、电视、地毯、窗帘、桌椅、橱柜、艺术品等都属于软装。软装设计通过对家具、床位、卫浴家具摆放位置的调整，对室内纺织品的选择，室内陈设，广告招贴布置来增强和调控室内最终效果等。

其他案例见二维码

**案例："CONNECT TO"汽车形象店，韩国首尔**
设计：Yuji Hirata/NOMURA（图2-14~17）

图2-14 该品牌车首尔形象店空间布局并不复杂，但是在立柱和围合面以及服务台设计上创意表现独特。

图2-15 参数化曲面设计的接待柜台飘逸流畅，成为空间的视觉中心。

图2-16 夸张的独立柱造型连接顶地结构，投影机辅助光斑营造了一个蓝色梦幻般的诗意环境。

图2-17 材质设计上采用了"黑顶法"设置，使品牌车形象店更具有戏剧性舞台光彩。

## 1. 理论思考

（1）接受委托项目后，如何与业主交流？请举例简述。

（2）什么叫概念设计？请举例简述。

（3）请举例简述方案设计要求和图纸内容。

（4）请举例简述绘制施工图的常见问题。

## 2. 操作课题

（1）选择一个服饰店，对门面和营业空间多角度拍照。选取所拍摄照片的两个角度，完成手绘线描图两张。要求透视准确、结构交代清楚。

（2）对一个服饰店的空间、展具、衣柜、柜台进行拍照。按照制图规范，绘制其中一幅主立面施工图，套图框。

## 3. 相关知识链接

（1）请课后阅读《室内设计概论》，崔冬晖主编，北京大学出版社，2009年2月。

（2）请课后阅读《建筑：形式、空间和秩序》第四版，［美］程大锦著，天津大学出版社，2020年9月。

3

## ·课前准备

请每位同学准备 A4 白纸 2 张，规定时间 10 分钟，默写自己所熟悉的 1 种餐厅营业空间平面布局图，并对所画平面从结构关系和组织关系出发给予命名。10 分钟后，检查同学们的平面布局形态，并给出点评。

## ·要求与目标

要求：了解商业空间类型特征、空间结构设计的并列结构、次序结构、拓扑结构的相关操作知识。了解商业空间形态的组织设计操作知识。

目标：培养学生的专业操作能力，将空间结构设计、空间形态的组织设计的知识运用于实践。在设计中通过主动操作，从结构与组织层面实现空间创意。

## ·本章要点

①商业空间类型
②并列结构、次序结构、拓扑结构设计
③线式与放射式组合、组团式与集中式组合设计

## ·本章引言

商业空间形态设计的核心内容是空间结构和空间组织设计。空间结构是建构最具实质意义的内容，结构形式的造型、体量对空间形式有着最为直接的影响。结构是柱、墙、板的组合关系，可以确定空间，形成单元。空间可以利用其组织规律来实现各种建构方式。本章的教学重点是使学生从了解空间形态的结构与组织设计入手，学会在特定的商业空间设计中应用操作。

我们生存的环境中，到处存在着以长、宽、高三维尺度构成的空间，三维关系中某一个尺寸发生变化，将导致空间关系发生变化，形成以三维坐标为衡量尺度的单纯空间关系。商业空间形态变化的空间关系，均来自最基本的空间构成的变化，从空间关系的建构平台上显示出各不相同的形式和寓意。在本节中，我们重点讨论空间概念、商业空间形态特征。

## 第一节　商业空间形态

### 一、空间

空间是万物存在的基础，是物质存在的广延性和并存的秩序。时间是物质运动过程的持续性和接续的秩序。空间和时间与物质不可分离。若要对空间问题寻根问底，就有必要深入了解空间与时间、运动、物质，以及人之间的各种关系，并把这些关系统一在"空间概念"之中。

1. 实体与虚体。空间，就是容积，它是由实体与虚体空间相对存在着的。人们对空间的感受是借助实体而得到的。

2. 点、线、面。空间体是由点、线、面构成，根据建筑的基本特征，可被划分成实体空间、虚拟空间和动态空间三大类。

3. 围合与分隔。人们常用围合或分隔的方法得到自己所需要的空间。空间的封闭和开敞是相对的。各种不同形式的空间，可以使人产生不同的环境心理感受。

4. 长、宽、高。空间的长宽高、空间围合特点以及空间的使用形成诸多变化空间类型。阳光下的一面墙体，向阳和背阴两部分会给人以不同的感受。座椅布置方式不同，产生的空间效果也不同，面对面的旅客可能会因此很快就熟悉起来。

5. 空间限定方式不同，构成的空间形态也有不同的特征。不同的限定方式（天覆、地载、围合），限定条件（形态、体势、数量和大小），限定程度（显露、通透、实在）表达了不同的意味。（表3-1）

表 3-1 空间限定方式与形态特征

| 原理 | 图示 | 室内设计案例 | |
|------|------|------|------|
| 设立 | 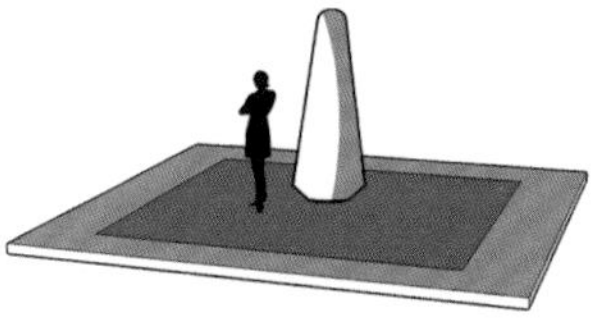 |  |  |
| 围合 |  |  |  |
| 覆盖 | 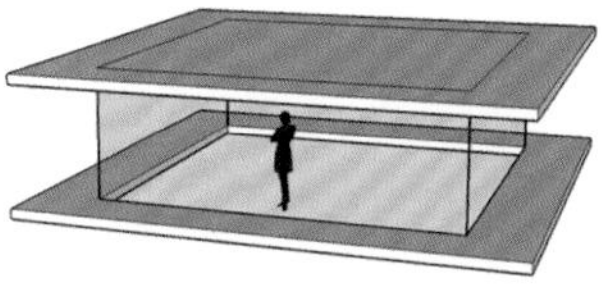 |  |  |
| 下沉 | 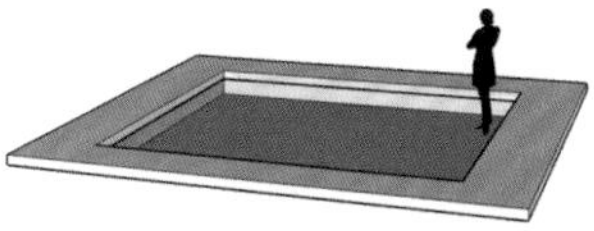 |  |  |
| 凸起 |  |  |  |
| 悬架 | 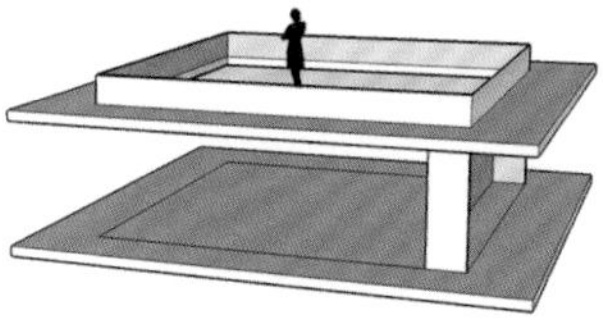 |  |  |
| 面变 |  |  |  |

## 二、商业空间形态特征

现代商业空间形态特征具有综合性和多样性的特点，它随着风云变幻的社会潮流不断更新。（表3-2）

### 表3-2 商业空间形态特征

| 业态 | 功能 | | 空间形态特征 |
|---|---|---|---|
| 零售业 | 专卖店 | 经营品种单一，但同类品牌的商品种类丰富，规格齐全 | 空间形态呈现类型化特征，空间规模小而精，在立面、节点、陈列形态方面完整且成系列 |
| | 百货店 | 集中化的销售，使顾客各得所需，衣、食、住、行经营全面 | 空间规模小而精，围合紧密，布局紧凑，在立面、节点、陈列形态方面完整且成系列 |
| | 超市 | 开架销售，顾客可直接到货柜前挑选商品，让商品与顾客距离接近，仓储与售货在同一空间 | 场地与空间规模大，空间开敞，货架呈规则排列，空间共享，公共性强 |
| | 购物中心 | 满足消费者多种需要，设有大型商场、酒店、饭店、影剧院、银行、停车场、娱乐、办公区域等 | 多功能空间，设施齐全的场所，场地与空间规模大，空间开敞，类型综合、丰富 |
| 酒店业 | 酒店 | 满足消费者多种需要，设有酒店大堂空间、住宿空间、商务服务空间、健身娱乐中心等 | 多功能空间，设施齐全的场所，场地与空间规模大，空间开敞，共享与私密并存，类型综合、丰富 |
| | 宾馆 | 经营单一，以住宿功能为主 | 共享空间小，住宿空间完整，空间形态及格局类型化 |
| 餐饮业 | 大型餐饮 | 经营单一，以餐饮功能为主 | 场地与空间规模大，空间开敞，空间围合规则排列，空间共享，公共性强 |
| | 小餐饮店 | 经营单一，以餐饮功能为主 | 空间规模小而精，围合紧密，布局紧凑，在立面、节点形态方面完整且成系列 |
| | 茶室 | 经营单一，以饮茶功能为主 | 空间规模小而精，围合紧密，布局紧凑，在立面、节点形态方面完整且成系列 |
| 美容美发服务业 | 美容养生店 | 经营丰富，以美容养生功能为主 | 空间规模小而精，围合紧密，布局紧凑，在立面、节点形态方面完整且成系列 |
| | 发屋 | 经营单一，以发屋功能为主 | 空间规模小而精，围合紧密，布局紧凑，在立面、节点形态方面完整且成系列 |
| 娱乐中心 | 歌厅舞厅 | 经营丰富，以娱乐功能为主 | 多功能空间，设施齐全的场所，场地与空间规模大，空间开敞与封闭，共享与私密并存，类型综合、丰富 |

### 三、商业空间形态设计要求

1. 功能性要求。商业空间的创造方法由于人们对内部空间的要求而趋向于多样化与灵活性，但不能脱离既定空间的功能需要。

2. 安全性要求。首先，要考虑设备安装设计的安全性；其次，空间设计中要避免可能对顾客造成伤害的系列问题；再次，设计时应避免引起顾客心理恐惧和不安全的因素。

3. 方便性要求。就近购物，方便快捷，省时省钱，这是消费者的最佳选择。商业空间内部交通线路设计的合理性也决定了购物环境的方便性。

4. 独特性要求。设计独特的商店标识和门面、具有创意的橱窗和广告与富有新意的购物环境，才会给消费者留下深刻的记忆。同时，正因为每个商店的独特性、新颖感和可识别性，异于他人的商业空间气氛和消费与购物环境才会形成。

建筑赋予空间以秩序，人类又通过空间形成秩序，而空间的基本形式是由中心和围合部分构成，其中，梁柱、地面、屋顶、墙壁为重要的组成部分。这就涉及结构的问题，因此，结构与秩序是室内空间中基本且至关重要的元素之一。在本节中，我们重点讨论空间结构设计。

## 第二节　商业空间结构设计

### 一、并列结构

#### 1. 并列结构

（1）根据结构主义的代数结构，空间构成中各要素之间的关系可以首先确立为一种排列组合关系，根据群的特性，这种排列组合关系也即并列关系。

（2）两种或两种以上的空间单元不分先后、不分主次，既可以是相同的空间单元，也可以是不同的空间单元，同时存在，同时进行，具有相容和不相容两方面的特点。

（3）是指具有相同功能性质和结构特征的空间单元以重复的方式并联在一起所形成的空间组合方式。这种组合方式简便、快捷，适用于功能相对单一的建筑空间。这类空间的形态基本上是近似的，互相之间没有明确的主从关系，根据不同的使用要求可以相互联通，也可以不联通。

（4）并列结构空间设计是一种表示平行、递进的关系空间。其空间在商业环境中所传递的信息在重要性上是差不多相等的，并可以将其成系列地排列起来，形成一个并列结构的网络商业空间。

## 2. 并列结构空间

并列结构空间有连接、接触、串联、网格等。

（1）连接。指两个互相分离的空间单元，可由第三个中介空间来连接。

（2）接触。指两个空间单元相遇并接触，但不重叠，接触后的空间之间的连续程度取决于接触处的性质。

（3）串联。指将一系列空间单元按照一定的方向排列相接，构成一种串联式的空间系列。

（4）网格。指将各空间单元按照"网格"所限定的方式组织起来，形成空间整体。网格结构是规律性很强的结构方式。（图3-1～2）

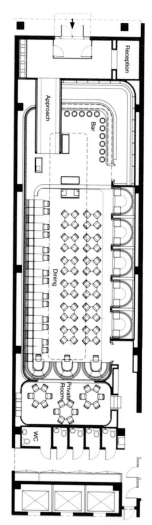

商业空间设计与实践

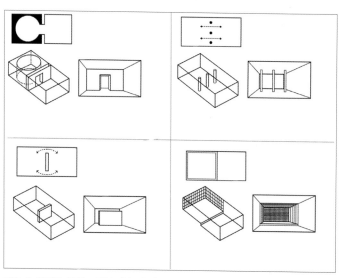

图3-1 连接与接触：两个空间通过开门、柱隔、隔断、地台表现空间连接方式和紧密程度。

图3-2 餐厅透视和平面案例：侧翼包间与包间并列，大餐厅与包间空间并列，餐桌并列。

### 3. 商业空间的并列结构设计

（1）运用并列结构组合法整理空间布局。以连接、接触、串联、网格等方式处理各类功能区域，以平行、递进的关系空间丰富商业空间层次和变化。

（2）柜面设计需根据不同需求进行相应的规划，如营业厅的柜面布置（售货柜台、展示货架等的布置）。还有如酒店、旅馆客房，都是通过一条贯穿始终的走道将各个房间相连，达到空间的贯穿性和方便性。一些公共场所家具的陈设摆放也都遵循了并列原理等。

**案例：ABC Cooking Studio料理工作坊，上海**

设计：Prism Design（图3-3～6）

图3-3 设计简约直接，并列组合工作台和独立包间有序实用。消防和照明管线、空调设施都隐入黑顶背景，将所有照明资源留给暖色墙面、白地面和白家具。

图3-4 屋山墙形隔断形成区域划分和空间并列关系，穿插折叠节点变化丰富空间形态。

图3-5 简洁倾斜感的接待台嵌入上角形镜面材质，引入三角风格元素，加强整体统一性。

图3-6 在并列结构系统家具布置中点缀圆形休息座凳和挂衣架，轻松随意。

## 二、次序结构

### 1. 次序结构

（1）根据结构主义的次序结构原理，可以把空间构成中各要素之间的关系再确立为一种次序关系，这种关系也即序列、等级关系，可通过两种或两种以上的空间单元之间的相互比较，来显现它们的差异性。

（2）如果说代数结构的排列组合关系因无先后、主次关系，会形成并列式结构的空间体系；那么次序结构的次序排列关系则因有了先后、主次关系，而形成序列式、等级式结构的空间体系。

### 2. 次序结构有重叠、包容、序列式和等级式

（1）重叠式。指两个空间单元的一部分区域重叠，将形成原有空间的一部分或新的空间形式。

（2）包容式。指一个大的空间单元完全包容另一个小的空间单元。

（3）序列式。指多个空间单元因先后关系的结构组织而形成。先后关系可以是各空间单元在时间上的顺序组织，也可以是各空间单元在流线上的位序组织。

（4）等级式。指多个空间单元因为主次关系的结构组织而形成。（图3-7~8）

### 3. 商业空间次序结构设计

（1）根据商业空间结构次序的不同需求，其设计要求是：创造舒适、愉悦的购物环境；选择适宜的风格和格调；室内设计总体上应突出

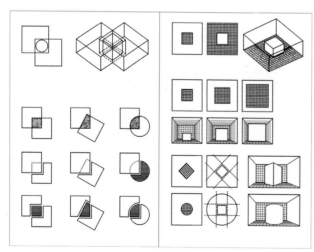

图3-7 重叠与包容：两个空间单元的一部分区域重叠，使彼此空间有机联系，形态生动。大的空间单元完全包容另一小的空间单元，如适用于高大空间的屋中屋设计，室内场景丰富。

图3-8 采用序列式、等级式结构空间体系的展示设计。

商品，激发购物欲望（商品是"主角"，室内环境应是商品的"背景"）；顾客动线流畅等。

（2）以经营方式为主进行次序结构梳理，如在购物中心里，共享大厅是空间主角，也是交通流线的主发散地，由此连接的各个功能空间依次展开，形成序列式、等级式结构的空间体系，各个空间相互关联、套叠。

### 三、拓扑结构

#### 1. 拓扑结构

（1）拓扑变化，可以归结为最基本的两种——具有环柄的球面和具有交叉帽的球面。前者是双侧可定向的，后者是单侧不可定向的。当点、线、面按照拓扑结构进行组合时，就可以通过"拓扑网格法"来表现。

（2）拓扑结构不仅是一种组合空间要素的方式，而且是一种分析空间结构的方法。

（3）根据拓扑学原理，图形由于受外力作用的不同而发生形状上的连续变化，虽然形状的变化很大，但原始图形和经过拓扑变换的图形在性质上保持不变，在结构上也是相同的，其图形可称为"拓扑同构"。

#### 2. 基于动线生成与空间流动的拓扑结构设计

在商业空间中，消费者从一个单元空间进入到另一个单元空间逐步浏览的过程，受到空间的变化与时间的延续两个方面同时影响，从而形成对客观事物的视觉感受和主观心理的力象感受。拓扑结构动线的主要机能就是将空间的连续排列和时间的发展顺序有机地结合起来，使空间与空间之间形成联系与渗透的关系，增加空间的层次性和流动性。空间设计可以通过拓扑结构动线串联更多的商品区域，保证消费者在穿行动线的过程中能浏览到更多的商品，从而在最大程度上调动消费者的购买欲望。（图3-9～12）

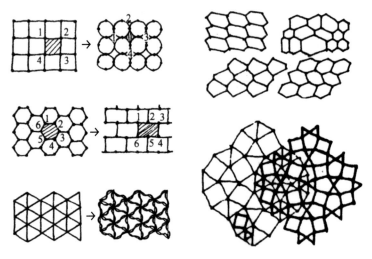

图3-9 拓扑网格。不规则网格在形成的过程中已经经历了规则式网格的渐变，这是一个由拓扑的低层次向拓扑的高层次层层积累的变化。

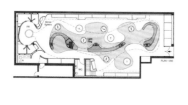

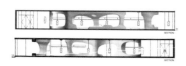

图3-10 纽约，卡洛斯·米拉服饰旗舰店，拓扑平面、立面和家具结构设计。

图3-11 卡洛斯·米拉服饰旗舰店空间透视、家具结构模型。

图3-12 方形空间有较强的均质围合感，设计师巧妙地运用了拓扑原理，将曲面展台展柜置于中心地带，产生了一种向心内聚力。

　　各空间单元由于功能或形式等方面的要求，先后次序明确，相互串联形成一个空间序列，呈线性排列、组团序列、网格序列等。在本节中，我们重点讨论线式与放射式组合、组团式与集中式组合以及网格式与重叠式组合设计。

## 第三节　商业空间组织设计

### 一、线式组合

#### 1. 直线式组合（图3-13~14）

　　（1）将空间功能性质相同或相近的空间按照线型的方式排列在一起的空间系列排列。

　　（2）线式组合既可以在内部相互沟通进行串联来达成各个空间的流通，也可以采用单独的线型空间（如走廊、走道）来实现两者之间的联系。

（3）采用连续式的空间单元，整体上具有统一感，极具引导式的线型以及连续式的方形组合展架，给人直观的印象和强烈的视觉导向性，这都是线式组合设计的特点。

（4）线式组合具有方向性的特点。

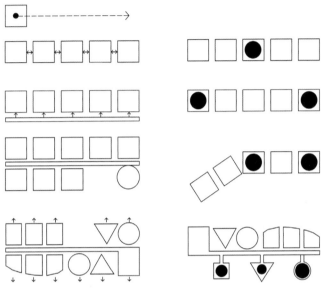

图3-13 线由点生。单元体空间的串联、并列，形成线式组合，重要空间节点可以处于线的两端、中间或转弯处。

图3-14 单元体空间串联、并列的会展空间设计，利用轻质图形软膜方盒悬于洽谈空间上方，进行空间限定。

### 2. 放射线式组合的变化（图3-15～16）

（1）这种变化综合了集中式与线式组合的要素，包含一个居于中心的主导空间，多个线式组合从中心呈放射状向外延伸。

（2）集中式组合是一个内向的图案，向内聚焦于中央空间；而放射式的组合则是外向型平面，向外伸展到其空间环境中。通过其线式的臂膀，该组合能向外伸展，并将自身与空间整体的特定要素或地貌连在一起。

（3）放射形式的核心，可以是一个象征性的组合中心，也可以是一个功能性的组合中心。其中心的位置，可以表现在视觉上占主导地位的形式，或者与放射状的翼部结合变成它的附属部分。

### 3. 商业空间线式组合设计

（1）商业空间线式组合设计是最常用的区域功能空间串接方式，要利用线式组合原理进行空间变化，增加局部变量控制，使空间连续形态更为丰富。

（2）商业空间放射式组合设计是非对称设计，要注意控制放射角度，注意空间形态完整性。

（3）线式结构与组合设计作业案例（图3-17~20）

商业空间设计与实践

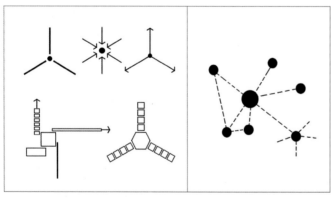

图3-15 以一个或多个重点空间为中心，向多方向发散布局的放射性线式组合。

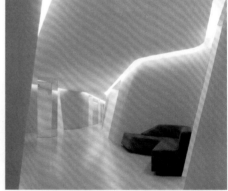

图3-16 室内放射性线式组合与构成案例：贯穿平面和顶地中心部位的发散斜线，空间整体性强、流畅多变。

**案例：线式餐厅设计**

图3-17 在有限空间中，由几组并列图案组成的餐厅个性化门脸，展开线式组合。

图3-18 靠椅组合的一字型餐桌排列，空间纯净，极富有透视景深感。

图3-19 凹凸木饰面墙面搭配暖色木质家具，隔断的漫射光加强了线性空间的韵律感。

图3-20 直线和折线是空间形式元素，干净利落，配以桌面打光，刚柔并济。

## 二、组团式组合

### 1. 组团式组合

组团式组合通过紧密的连接使各个空间之间相互联系，这种组合方式没有明显的主从关系，它可以灵活变化，随时增加或减少空间的数量，具有自由度。紧密的连接使各个空间得以密切联系，并不是分散独立的，而是灵活变化但又紧密联系在一起的。组团式组合可以像附属体一样依附于一个大的母体或空间，也可以只用相似性相互联系，使它们的体积表现出各自个性的统一实体，还可以彼此贯穿，合并成一个单独的、具有多种面貌的形式。（图3-21~22）

组团式组合由多种形态的单元空间或在形状、大小等方面具有共同视觉特点的形态集合在一起构成，设计者可以根据尺寸、形状或相似性等功能方面的要求去改变它的形式。

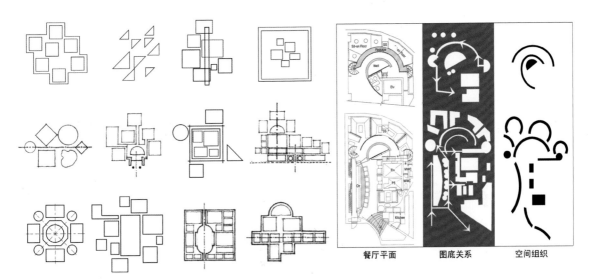

图3-21 组团式组合具有足够的灵活性，可以把各种形状、尺寸以及方向的形体组合在结构中。

图3-22 对餐厅平面进行图底关系归纳和类型分析，可以抽象提取平面关系中的组团动线图形。

### 2. 商业空间组团式组合设计

（1）商业空间组团设计，强调区域自治、区域抱团，空间形态生动。

（2）可以区分多个视觉中心，突出不同的产品展示，满足差异化区域活动需要，同时又是统一在大的母体空间中。组团式布局要合理安排交通流线，可以通过地面材质变化和隔断，区分各个组团围合边界，避免空间混乱。

（3）组团式组合设计作业案例（图3-23~26）

**案例：组团式超市设计**

图3-23 悬浮的顶面装置是设计亮点，将不同功能区组团联结，形成空间视觉中心和标志性室内景观。

商业空间设计与实践

图3-24 注重文化氛围和室内景观的营造，空间小中见大，分区活泼，圆形、C形、半弧形系列组合。

图3-25 引入彩色家具和拼布生成趣味空间。

图3-26 公共空间立柱成为组团式布局的轴心。

### 三、集中式组合

#### 1. 集中式组合

（1）极具稳定性的向心式构图，由一个占主导地位的中心空间和一定数量的次要空间构成。以中心空间为主，次要空间集中在其周围分布。

（2）中心空间一般是规则的、较稳定的形式，尺度上要足够大，这样才能将次要空间聚集在其周围，统率次要空间，并在整体形态上处于主导地位。组合中的次要空间，它们的功能、形式、尺寸可以彼此相当，形成几何形式规整，并具有两条或多条轴线对称的总体造型。次要空间相对于主体空间的尺度较小。

（3）集中式组合围绕中心扩散分布，能更好地将视觉以及观察者引入到建筑空间的主要干区。集中式组合需要一个几何形体规整、居于中心位置的形式作为视觉主导，比如球体、圆锥体或圆柱体，占据某一限定区域的中心。（图3-27~28）

#### 2. 商业空间集中式组合设计

（1）适用于中轴对称布局的酒店大堂、宴会厅、展示空间等。

（2）商业空间集中式组合设计强调区域主次关系、区域共享空间与附属空间的有机联系，空间形态呈现递进、有序联系。

（3）集中式组合设计案例

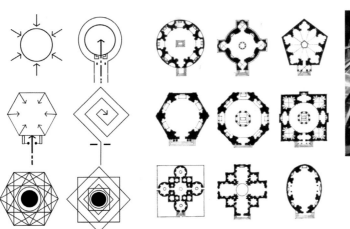

图3-27 集中式组合在排列其形体时有一种强有力的几何基础，具有规则性和内聚性。

图3-28 矩形商店平面中心区域，以集中式组合包裹底层与二层，形成强烈的中心空间集团。

## 案例1：Zu+Elements服饰店设计，意大利米兰（图3-29~32）

设计：Giorgio Borruso

图3-29 折叠操作是一种非常明显的非线性变换，设计者利用折叠所产生的各种不规则的折面，结合体、面的高低、变距、转向及形变产生了一种奇妙的空间，既有变化，又有视觉冲击力。

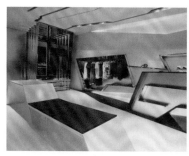  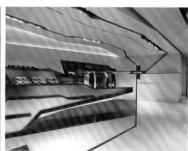

图3-30 此设计大胆使用鲜艳红色，展现出与功能主义完全不同的设计新理念，特别受年轻人的喜爱。

图3-31 金属灰、红白色及家具折角设计都体现了折叠空间特点，塑胶和聚酯材料表达了家具的抽象感和舒适感。

图3-32 从大厅开始折叠、拉伸、剪切构建室内表皮，摒弃多余装饰，塑造具有逻辑的、连续折叠空间。

商业空间设计与实践

**案例2： 上海第一机床厂旧建筑更新——家具奢侈品店和画廊**

（图3-33～38）

图3-33 这是老厂房旧建筑改造为家具奢侈品店和画廊的案例。艺术家的集体聚集使这里变成了昂贵的艺术空间。厚重的历史空间配合艺术翻新，吸引了更多的人群。

图3-34 底层功能空间设计大量使用黑白色来衬托出未来感，各式各样的陈列柜以及黑灰色材质很好地和室内空间呼应，产生良好的互动。

图3-35 开敞公共空间景观电梯和楼梯设计气势恢宏。黑色调镜面材质铮亮、剔透，闪亮着宝石般光斑，发光材质的展台结构相互叠印，凸显了精品空间的时尚与个性。

图3-36 底层会议接待区设计，将照明用作混搭使用，以创造独特的氛围，营造出私密与公共空间共存的效果。

图3-37 入口处是人流聚集较多的区域，因此空间比较宽敞，服务台周围亦是如此，是整个空间的集散地。

图3-38 办公室按照人流活动的顺序关系被安排到远离入口的合理位置，空间组合和划分以主要空间为核心，次要空间的安排有利于主要空间的发挥。

# 第三章　单元习题和作业

## 1. 理论思考

（1）按空间的内外关系，可以把空间分为哪几种类型，怎样区分它们？请举例简述。

（2）并列结构包括哪几种类型？请举例简述。

（3）什么叫空间线式组合？请举例简述。

（4）请举例简述商业空间结构设计所包含的内容。

## 2. 操作课题

（1）选择一个餐厅，绘制一个平面图，默写室内营业区的空间布局，并按照空间并列结构的方法重新布局空间。

（2）选择一个餐厅，绘制一个平面图，默写室内营业区的空间布局，并按照空间组团式组合方法重新布局空间。

## 3. 相关知识链接

（1）请课后阅读《空间》第二版，詹和平编著，东南大学出版社，2011年10月。

（2）请课后阅读《建筑：形式、空间和秩序》第四版，［美］程大锦著，天津大学出版社，2020年9月。

4

· **课前准备**

请每位同学准备 A4 白纸 2 张，规定时间 20 分钟，默写自己所熟悉的三种小商铺平面布局，并进行初步类型合并与归纳。20 分钟后，讲评同学们所绘的平面形态，看谁的平面形态变化丰富，类型归纳合理。

· **要求与目标**

要求：通过对本章的学习，学生应充分了解类型和类型学以及室内空间类型设计理论。

目标：培养学生的专业认知能力，从类型学理论角度，观察与思考室内形态和空间类型特点。

· **本章要点**

①室内类型基本特征

②商铺空间特征和基本分析

③类型提取、类推设计

· **本章引言**

本章研究以建筑类型学理论为指导，解析室内类型要素和类型特征，研究类型转换、类推设计和应用途径，探析室内类型设计方法与形态生成法则。类型设计作为一种尝试性研究和对室内形态发展的类型学思考，希望对室内空间设计实践有一定的指导意义。

我们生存的环境中，到处存在着以长、宽、高三维尺度构成的空间；三维关系中某一个尺寸发生变化，将导致空间关系发生变化，形成以三维坐标为衡量尺度的单纯空间关系。商业空间形态变化的空间关系，均来自最基本的空间构成的变化，从空间关系的建构平台上显示出各不相同的形式和寓意。在本节中，我们重点讨论空间概念、商业空间形态特征。

## 第一节 类型

### 一、类型

（1）类。类是一种类型的对象的表示形式。分类意识和行为是人类理智活动的根本特性，是认识事物的一种方式。

（2）类型。类型是模糊的分类方式，没有固定的分界线。类型：种类、同类、分类、类别之意。类型往往是由成套惯例所形成。

（3）类型与形式。以建筑为例，一个建筑类型可导致多种建筑形式出现，但每一个建筑形式却只能被还原成一种建筑类型，类型是深层结构，而形式是表层结构。

（4）类型与风格。类型是在时间长河中使某事物保持延续性和复杂的多意性，保持其真正价值的东西。而风格问题则退居类型之后，风格的标新是事物表象特征。

（5）类型与原型。荣格有关原型的概念，指人类世世代代普遍性心理经验的长期积累，"沉积"在每一个人的无意识深处，其内容是集体的。类型概念深受原型的影响，类型与原型类似，是形成各种事物最具典型现象的内在法则。

（6）类型学（Typology）。类型学是对类型的研究，一种分组归类方法的体系研究。建筑类型学是在类型学的基础上探讨建筑形态的功能、内在构造机制、转换与生成的方式的理论。

### 二、室内类型的划分

室内类型大多以建筑功能类型作为划分依据进行分类。一般来讲，有什么样的建筑就会有什么样的室内空间，如：民居住宅类建筑的居住空间室内类型，行政与商业办公建筑的办公空间室内类型，商店、商场等商业空间室内类型，图书馆、博物馆、大会堂、歌剧院等公共文化空间室内类型，火车站、地铁站、机场大厅等公共交通空间室内类型以及酒店餐厅建筑的室内类型等。（图4-1）

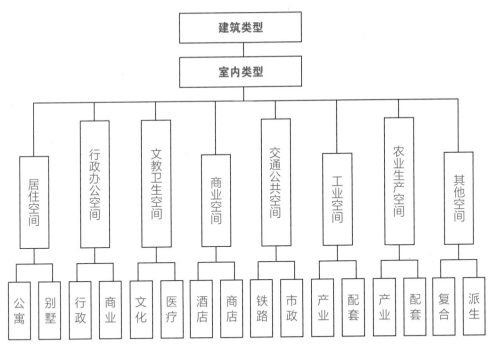

图4-1 室内类型的划分

### 三、室内类型基本特征

室内类型基本特征包括：功能性特征、时代性特征、风格性特征、地域性特征及交叉性特征等。（表4-1）

**表4-1 室内类型基本特征**

| | 类型 | 关键词 | 室内类型基本特征 | 类型重点 |
|---|---|---|---|---|
| 1 | 功能性特征 | 功能类型 | 空间的使用功能对类型形成影响最大。室内空间是建筑功能类型的延续。功能性空间布局形成室内类型的原初形态和模式，考察原初形态和模式是认识室内类型特征的主要渠道。以餐饮建筑为例，其类型特征是由符合常规使用习惯的空间布局和空间规模所决定的 | 功能性空间布局形成室内类型的原初形态和模式 |
| 2 | 时代性特征 | 时代变化 | 建筑空间随着时代的变化而变化，尤其是当代建筑思潮对建筑形态变化的影响更多更大，建筑空间的改变速度更快。随着建筑空间的变化，室内形态亦随之改变，因此室内类型有着鲜明的时代性特征 | 时代变化影响的类型变化 |
| 3 | 风格性特征 | 风格类型 | 室内类型与室内风格紧密关联。不同的设计风格影响室内类型和空间形态，相同的空间规模与场地，以不同的风格要施加影响和组合，可以呈现相异类型特征。风格性特征会在一定程度上改变室内原型，是室内类型的附加特征 | 不同的设计风格影响室内类型和空间形态 |
| 4 | 地域性特征 | 地域类型 | 地域通常是指一定的地域空间，是自然要素与人文因素作用形成的综合体，一般有区域性、人文性和系统性三个特征。不同的地域会形成不同的镜子，反射出不同的地域文化，形成别具一格的地域景观。室内类型有着鲜明的地域特征和痕迹 | 区域性、人文性和系统性影响室内类型 |
| 5 | 交叉性特征 | 综合交叉 | 旧建筑被赋予了新的功能和用途，其变化的结果是新的室内类型生成，这是室内类型的交叉性特征之一，是被动的交叉。旧建筑原型、旧的室内设施与室内更新带给人们复合的、交错的空间体验和新奇感，丰富了空间的人文特色；而有意识地采用多功能空间集合、混搭设计，会令单一的室内类型多样多元化 | 旧建筑更新被赋予了新的功能和用途，影响室内类型 |

我们以类型学为手段来研究室内空间形式问题，通过抽象简化、类推联想，我们可以从纷乱繁杂的形式影响中摆脱出来。在本节中，我们重点讨论传统的、有代表性的室内空间类型——商铺的空间特征和基本分析。

## 第二节　类型分析

### 一、商业形态

商业的集聚是商业的一种表现方式。从古到今，商业的集聚现象普遍地存在着。从散点的传统商铺、社区商铺、专卖店到系统、聚集的商业街商铺、购物中心、大型商业中心，以及依据行业分工的店铺、购物中心，商业的集聚可大致归纳为点、线、面三种形态。（表4-2）不同的商业形态随着所处地方不同、经营方式差异而形成商业空间类型化差异。（表4-3）

表4-2　商业的集聚和形态

| 商业形态 | 形态特点 | 商铺类型 | 综合要点 |
|---|---|---|---|
| 散点状形态 | 散点状形态有人们日常居住的居民区，交通干道沿线的便利店、服务店，城市郊区的零星小店等 | 传统商铺、社区商铺、专卖店 | 小、中型，具有传承的行业功能特点 |
| 单点状形态 | 单点状的商业航母，在人们日常居住的居民区、城市郊区零星布局 | 大型超市、仓储商店 | 单体商业空间规模大、类型全 |
| 条带状形态 | 条带状的形态表现为商业街或专营商业街，是一种沿街分布的形态，例如北京的王府井大街、南京的湖南路商业街等 | 商业街商铺、购物中心、大型商业中心 | 行业类型和分类较统一，空间类型丰富 |
| 团块状形态 | 团块状的形态有我们熟知的义乌小商品城、北京的潘家园旧货市场、东部的商务中心区等 | 综合与专业批发市场、购物中心商铺 | 行业类型统一，空间聚集 |
| 混合状形态 | 混合状的商业集聚是近年来出现的商业业态，在空间拥挤的办公区、地铁等地方布局 | 写字楼商铺、地铁机场商铺 | 空间规模小、类型交叉 |

表4-3　空间类型化特点

| 名称 | 空间类型化特点 | 综合要点 |
|---|---|---|
| 类型化 | 1. 空间形态类型化：方形空间、一字形柜台、前店后坊格局等<br>2. 色彩类型化：不同的行业和空间，如酒店、餐饮、美发、服装店，有着类型化的色彩特点<br>3. 装修材质类型化：质朴粗犷的木材、木质感，常被用于餐饮小吃店；粗粝石板、原木装饰的店面常被用来营造乡土风情<br>4. 装饰类型化：餐饮、服饰店、零售店都有各自对待外立面、室内顶地面装饰的基本做法 | 空间、色彩、材质、装饰类型化 |
| 地域化 | 不同地区对商业空间类型、使用、装饰的处理有地域类型特点 | 地域特色 |
| 程式化 | 商业形态和模式影响程式化空间类型形成，这是商业空间传承特点之一 | 传承特点 |
| 系列化 | 配套全面、服务延伸是当今空间类型的新特点 | 配套全面 |
| 混搭化 | 地铁商铺、办公商铺、展厅化商铺等的出现，表明空间使用多样化，类型多样重叠、复合化 | 类型混搭 |

商业空间设计与实践

## 二、商铺

广义的商铺，是指经营者为顾客提供商品交易、服务、感受体验的场所，百货、超市、专卖店、汽车销售店等都是规模不等的商品交易场所。商铺由"市"演变而来，《说文》将"市"解释为"集中交易之场所"，也就是今日之商铺。聚集于渡口、驿站、通衢等交通要道处相对固定的货贩处以及为来往客商提供食宿的客栈成为固定的商铺的原型。

商铺的固定带来了不同的商品行业种类——集镇或商业区。固定化的商业空间必然需要配备一定的商业设施，为来往的客人提供方便，促进交流，更好地配合商品交易。于是，相应的交通、住宿等其他休闲设施及货运、汇兑、通信等服务性的行业也随着商业活动的需求而产生。随着商品经济及科技的发展，现代的商业活动空间无论在形式、规模上，还是功能、种类上，都远远优于过去的形制。商业活动由分散到集中，由流动的形式变成特定的形式。不同的产品经销、产品风格对商铺空间形态有不同的要求，反映在室内平面、立面、家具、设施的变化上，就形成了类型特征。（图4-2~7）

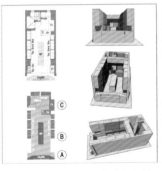

图4-2 传统一字形小商铺空间的平面和模型，前店后坊格局，顾客逛街观店。

图4-3 一字形小商铺，沿街门面狭小，只设置售卖柜台，集陈列、接待、结算空间于一体。

图4-4 顾客不进入室内，小商铺室内仅为仓储兼货物陈列的功能空间。

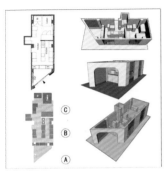

图4-5 传统一字形小商铺空间的平面和模型，在前店后坊格局上，增加了室内顾客空间。

图4-6 传统类型小商铺，有独立门面和招牌。

图4-7 传统类型小商铺，自产自销，有狭小的室内营业厅，大部分空间留给了后场作坊。

## 三、类型分析

我们这里做类型分析的商铺专指小型商店空间——传统商铺、社区商铺和专卖店。（表4-4，图4-8~14）

### 表4-4 商铺空间类型

| 名称 | 作业内容 | 综合要点 | 空间类型特征 |
|------|---------|---------|-------------|
| 零售业 | 专卖店 | 经营品种单一，但同类品牌的商品种类丰富，规格齐全 | 空间形态呈现类型化特征。空间规模小而精，在立面、节点、陈列形态方面完整且成系列 |
| | 零售百货店 | 集中化的销售，让顾客各取所需，经营全面 | 空间规模小而精，围合紧密，布局紧凑，在立面、节点、陈列形态方面完整且成系列 |
| 餐饮业 | 小餐饮店 | 经营品种单一，以餐饮功能为主 | 空间围合紧密，布局紧凑，前后场分区。餐桌紧凑，有用于结账的小服务台 |
| | 茶室 | 经营品种单一，以饮茶功能为主 | 布局紧凑的酒水吧台与茶桌，相对私密，小空间围合，富有情调的空间装饰 |
| 美容美发服务业 | 美容养生店 | 经营品种丰富，以美容养生功能为主 | 空间规模小而精，围合紧密，布局紧凑，在立面、节点、陈列形态方面完整且成系列 |
| | 美发屋 | 经营品种单一，以美发功能为主 | 多功能接待服务、洗染发、烫发，布局紧凑、分区明确，设施与装饰类型化 |
| 房屋中介店 | 房屋中介店 | 以房屋中介功能为主 | 空间规模小，布局包括看板展示、接待洽谈、信息服务等统一模式 |
| 文印服务 | 打字店 | 以文印服务功能为主 | 空间规模小，围合紧密，布局紧凑，布局包括设备、打字操作、简单加工 |

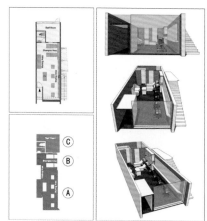

图4-8 传统类型美发屋空间平面和模型：由狭小门廊、剪发理发区和洗发区、休息区构成。

图4-9 美发屋门廊空间透视。

图4-10 美发屋的剪理发区和洗发区、休息区空间透视。

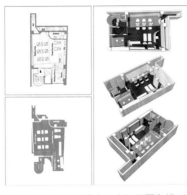

图4-11 传统类型美发屋空间平面和模型。
开间变宽，区域分割更为明显。

图4-12 剪发理发区空间效果。"镜子"
成为有限空间中唯一的隔断、功能设
施、装饰设施。

图4-13 剪发理发区对称分割，整齐而
富有韵律的空间效果。

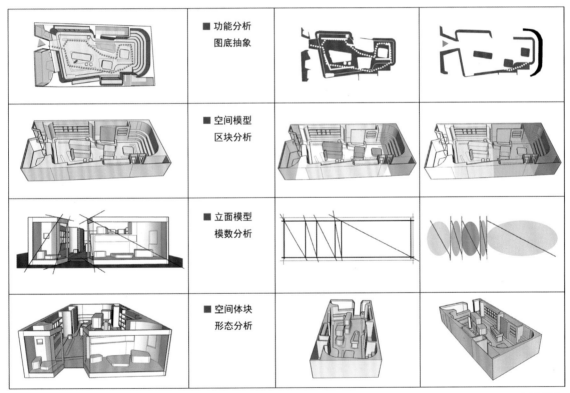

图4-14 小服饰店空间与类型分析：空间功能区域的私密性和公共性图解，室内空间图底关系图解，服饰店入口立面的模数
关系图解。（设计：闫子卿，指导：卫东风）

类型设计由一系列操作策略组成，包括类型提取、室内类型提取的实验和步骤、类推设计、类型转换、多类型并置、重叠和交叉设计等。在本节中，我们重点讨论类型提取、类推设计、类型转换以及多类型并置设计的设计方法。

## 第三节　类型设计

### 一、类型提取

1. 类型提取是在设计过程中，人们对设计中的各种形态、要素部件进行分层活动，对丰富多彩的现实形态进行简化、抽象和还原，从而得出某种最终产物。通过类型提取得到的这种最终产物不是那种人们可以用来复制、重复生产的"模子"。相反，它是建构模型的内在原则。我们可以根据这种最终产物或内在结构进行多样变化、演绎，产生出多样而统一的现实作品。

2. 室内类型提取的实验和步骤

（1）选择建筑位置、室内空间质量、大小规模、使用功能、室内平面布局、平面外框形状相似的一组同类室内设计项目的平面布置图。

（2）将平面图的区域、家具、空间结构和路径流线转化为面线关系的图底图形。

（3）完成对平面图纸的图底图形抽象化整理后，进入平面形态比对程序，即将这一组同类室内平面的图底图形进行分类比对，可以提取到类型组织模式，即室内类型的内在原则。需要说明的是，选择室内平面布置图作为室内类型提取，是因为室内功能布局的平面形态最能够反映真实的设计特点和设计意图，是实体形态的示意、空间形态的生成基础。黑白的图底图形，去除了具象、琐碎、表皮的细节，是抽象化图形语言，能够最大程度反映室内类型的结构特点。（图4-15～20）

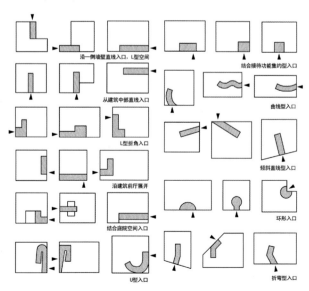

图4-15 店铺入口形态图解：对室内入口形态的类型提取、入口空间与建筑关系、与形态转换关系的特征分析，研究入口空间尺度、方位与店铺运营的功能、美观、经济性的关系。

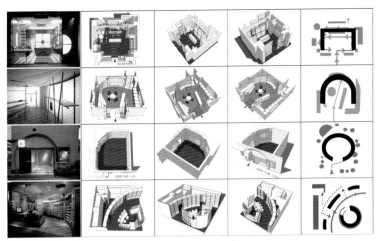

图4-16 通过对店铺建筑平面、工程照片、建模图解的分析，提取传统小商铺C形布局的几种变化类型，是进一步做类型设计与评价的基础。

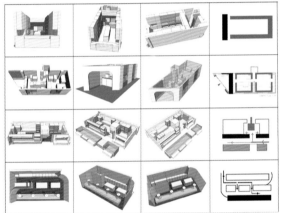

图4-17 传统小商铺一字形前店后坊布局的几种变化类型提取。

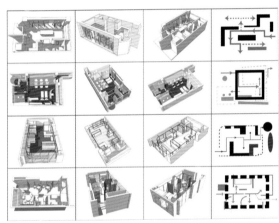

图4-18 传统小商铺口字形布局的几种变化类型提取。常见的口字形布局特点是满铺利用空间，沿室内墙壁布置家具设施。

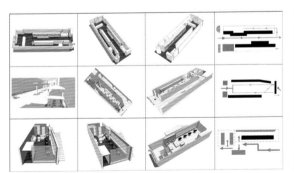

图4-19 传统小商铺H形布局的几种变化类型提取。H形布局为门面开间窄小、大进深的商铺空间，家具设施一般是设置在长长的"通道"两侧。

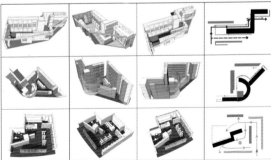

图4-20 传统小商铺之字形布局的几种变化类型提取。有两种情况：其一，之字形布局多为跨角空间、边角小空间利用；其二，室内空间采用之字形布局，可以打破原有布局的平衡感，产生折叠变化。

## 二、类推设计

类推即类比推理，"所谓类比是这样一种推理，即根据A、B两类对象在一系列性质或关系上的相似性，由已知A类对象还有其他的性质，从而推出B类对象也具有同样的其他性质"。类型设计是一种类推设计，以相似性为前提，是借用已知的或者已发现的形式给予构造，去建构一个设计问题的起点。（表4-5）

表4-5　类推设计

| 序号 | 类推设计 | 关键词 | 类推设计目的 | 操作重点 |
|---|---|---|---|---|
| 1 | 基本代码分类 | 提取图形 | 对室内类型基本代码信息进行分类总结，将其图解化为简单的几何图形，并发现其"变体"，寻找出"固定"与"变化"的要素 | 找出相对固定的要素 |
| 2 | 还原结构图式 | 图解原结构 | 从相似性信息中找出相对固定的要素，从这些要素中还原结构图式，把类推得到的结构图式运用到新空间设计所生成的设计方案中，如此就与室内类型的历史、文化、环境、文脉有了联系 | 还原结构，生成新结构 |
| 3 | 分离模型、组织结构 | 分离模型 | 从原型的平面形态、实体形态与空间形态系统中分离出模型、组织结构、元素类型，提取形态中的深层结构、等级次序中的有效应用成分 | 提取形态中的深层结构 |
| 4 | 图形式类推 | 图形类推 | 图形式类推凭借图形意向、符号、图案特质所呈现意图的结果为新的设计生成构架 | 图形类推，生成新结构 |
| 5 | 准则式类推 | 范式类推 | 准则式类推凭借其自身系统，即几何形式特性和某种类型学操作范式思想，为新的设计生成构架 | 范式类推，生成新结构 |

以"盒子系列"装置研究的旧厂房更新实验为例（作者王天添，指导教师卫东风）。通过对老厂房旧建筑空间的类型符号图形提取，其室内原型特征可以描述为：一，入口通道、主厅、长台等基于功能性的实体形态构成规律特征；二，空间布局层次、区域和路径关系特点具有规律特征；三，平面外框与平面形态的关系特征。用类推设计进行建构赋型时，往往是上述多种同时起作用的。类推设计的结果，可以得到同一类型在不同环境、不同作者手中还原得到的差别甚远的实体形象。（图4-21~23）

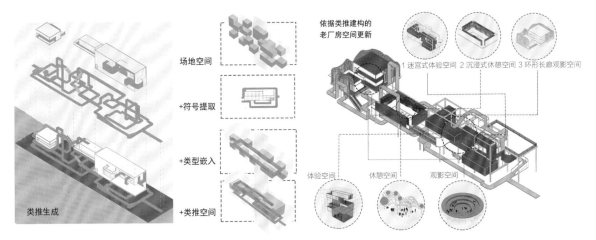

图4-21 旧厂房更新实验中采用类推设计的图形式类推,凭借拓扑回形符号的图案特质为空间更新设计生成构架。

图4-22 "盒子系列"装置研究的旧厂房更新设计,由交通空间和设施提取拓扑符号图形,建构环状流线空间。

图4-23 旧厂房建筑在室内类型上由生产空间转变为沉浸式体验空间,新空间表现出娱乐和休憩特性。

### 三、类型转换

　　类型转换即从"原型"抽取转换到具体的对象设计,是类型结合具体场景还原为形式的过程。运用抽取和选择的方法对已存在的类型进行重新确认、归类,导出新的形制。建筑师阿甘(G.C.Argan)对类型转换作了结构解释:"如果类型是减变过程的最终产品,其结果不能仅仅被视为一个模式,而必须当作一个具有某种原理的内部结构。这种内部结构不仅包含所引出的全部形态表现,而且还包括从中导出的未来的形制。"类型转换方式如下。(表4-6)

### 四、类型并置

　　这是涉及类型的层叠结构,多类型并置、重叠和交叉设计。类型并置包括:一个建筑从新到旧的过程中,其初始功能的意义已经消耗,二次功能成为主导;在一个空间紧密相连的建筑室内,多种功能并存,产生类型并置、

## 表4-6 类型转换方式

| 序号 | 类型转换 | 影响设计 | 表现特征 | 关键词 | 图示 |
|---|---|---|---|---|---|
| 1 | 结构模式转换 | ***** | 通过对室内类型以往先例的平面形态的归纳与抽象，抽取结构模式。罗列对比规模相似的餐饮空间平面形态，找到结构模式特征，基于几何秩序的改变是对来自类型传统构成手法的模式表达，运用这些结构模式对新空间进行的重组 | 结构、模式、几何、组织 | 原结构 新结构 |
| 2 | 比例尺度变换 | **** | 从以往先例的形态中抽象出的比例类型所表达的意义是相似性比较与记忆的结果。通过比例尺度变换，可以在新的设计中生成局部构建，还可以将抽象出的类型生成整体意象结构。重要的细节是类型化的符号，产生以小见大、以点带面的新效果新形态 | 类型化符号、比例、尺度 | 原尺度 新尺度 |
| 3 | 空间要素转换 | **** | 不同的要素可视为假定的操作前提或素材，引发不同的空间操作并生成新的结果。从以往先例的形态中抽象出体量、构件要素的分解，这些构件独立于空间中与其他构件发生关系时，原来处于不同体量内部的空间相互流动起来得到新的空间形态 | 空间要素、构件、分解、重组 | 原构件 新构件 |
| 4 | 实体要素变换 | ** | 实体要素变换对类型转换设计发挥了重要作用。对待同一类型的室内家具、设施、构件等实体要素，要保留其影响类型特色的重要元素，在新空间中通过对原型要素撤换重组、摆放、错位使用、改变尺度材质等都可以生成新的空间形态 | 家具、设施、构件、重组 | 原实体 新重组 |

重叠和交叉。

这种类型并置情况一部分是自然发生的情况，而更多的是基于类型学设计方法。将类型并置作为类型设计方法需要考虑多种类型相互间的关联，是有机的并置组合。（表4-7）

表4-7 多种类型相互间的关联

| 序号 | 类型转换 | 影响设计 | 并置关联特征 |
|------|---------|---------|-------------|
| 1 | 系统关联 | ***** | 在建筑空间使用规划中将类型并置作为系统规划重要关联选择和特色设计 |
| 2 | 功能关联 | ***** | 将功用考虑放在首位，功能区域设置和流线组合的结果更有利于使用 |
| 3 | 空间关联 | ***** | 建筑与室内空间应是流动性关联，功能空间、共享空间、交通空间关系的类型并置，私密性与公众性关系类型转换和并置关联等 |
| 4 | 场地关联 | ***** | 场地的历史与文化关联，在类型选择中具有相似性历史文化背景，具有共同的地域文化特征，具有共同关注的主题道具和构件 |
| 5 | 交叉关联 | *** | 要考虑不同类型间的交叉性关联，场地虽设置了不同的功用，但处在一个较大且没有明确空间围合与限定的环境中，它们需要相互补充与交叉使用 |
| 6 | 并置关联 | *** | 需要审视不同类型的关联关系，并置搭配，主类型与辅助类型并置关联 |
| 7 | 冲突关联 | *** | 有差别有冲突的类型对比：公共交通空间穿越主题商业空间，室内与室外、地上与地下，古朴、幽静空间与喧闹厅堂相连；地域文化背景的联系与对比，欧化局部要素与中式空间要素对比组合，传统特色空间与时尚空间对比 |

**案例：纽约Prada旗舰店设计**

设计：OMA设计事务所

在此设计中，专卖店的商业功能被划分为一系列不同的空间类型和体验区域。专卖店？博物馆？街道？舞台？此作品提供了可以进行多种活动的空间。普拉达旗舰店通过街道连接、交通空间与商业空间交叉的类型并置，引入文化性、公共性：台阶上摆着普拉达鞋，顾客可在此挑选鞋子，坐下休息，台阶则可以变成座席——生成"鞋剧场"。（图4-24~27）

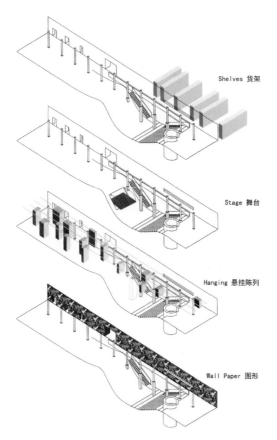

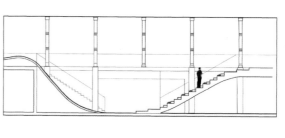

Shelves 货架

Stage 舞台

Event Section

Hanging 悬挂陈列

Wall Paper 图形

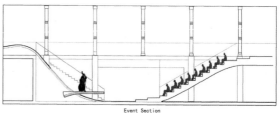

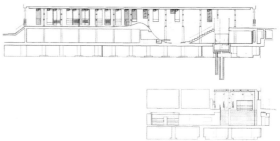

商业空间设计与实践

图4-24 OMA设计事务所作品："纽约Prada旗舰店设计"空间模型图解。

图4-25 纽约Prada旗舰店剖立面和立面图：重点设计"鞋剧场"的一个多功能展示与表演空间。

图4-26 纽约Prada旗舰店主场景空间透视。

图4-27 "鞋剧场"空间透视。

**作业欣赏**

**作业1** 小商铺空间的类型图示练习

设计：武雪缘、俞菲等，指导：卫东风

**作业点评**：作业通过对相关建筑平面结合工程照片的建模、平面形态图解，学习室内空间类型图示表现方法。课题训练可以帮助学生透过环境表象研究类型特征，快速把握整体布局图形，提高空间规划能力。（图4-28）

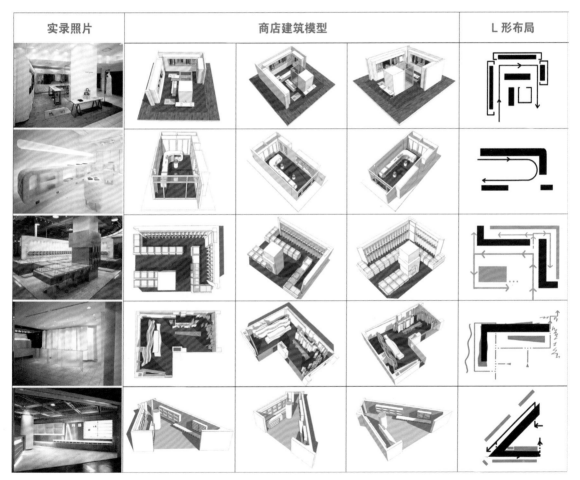

图4-28 小商铺空间的类型图示练习。

作业2 同一建筑平面图的不同类型布局

设计：杨雯婷、李丞，指导：卫东风

**作业点评：**对同一建筑平面图的不同类型布局设计，生成截然不同的售楼处、餐厅、服饰店平面。以圆形、折线、偏角线为布局标识图形和类型特色，生动流畅，定位准确。完成作业的过程也是学生对类型差异和类型设计的体验过程。（图4-29）

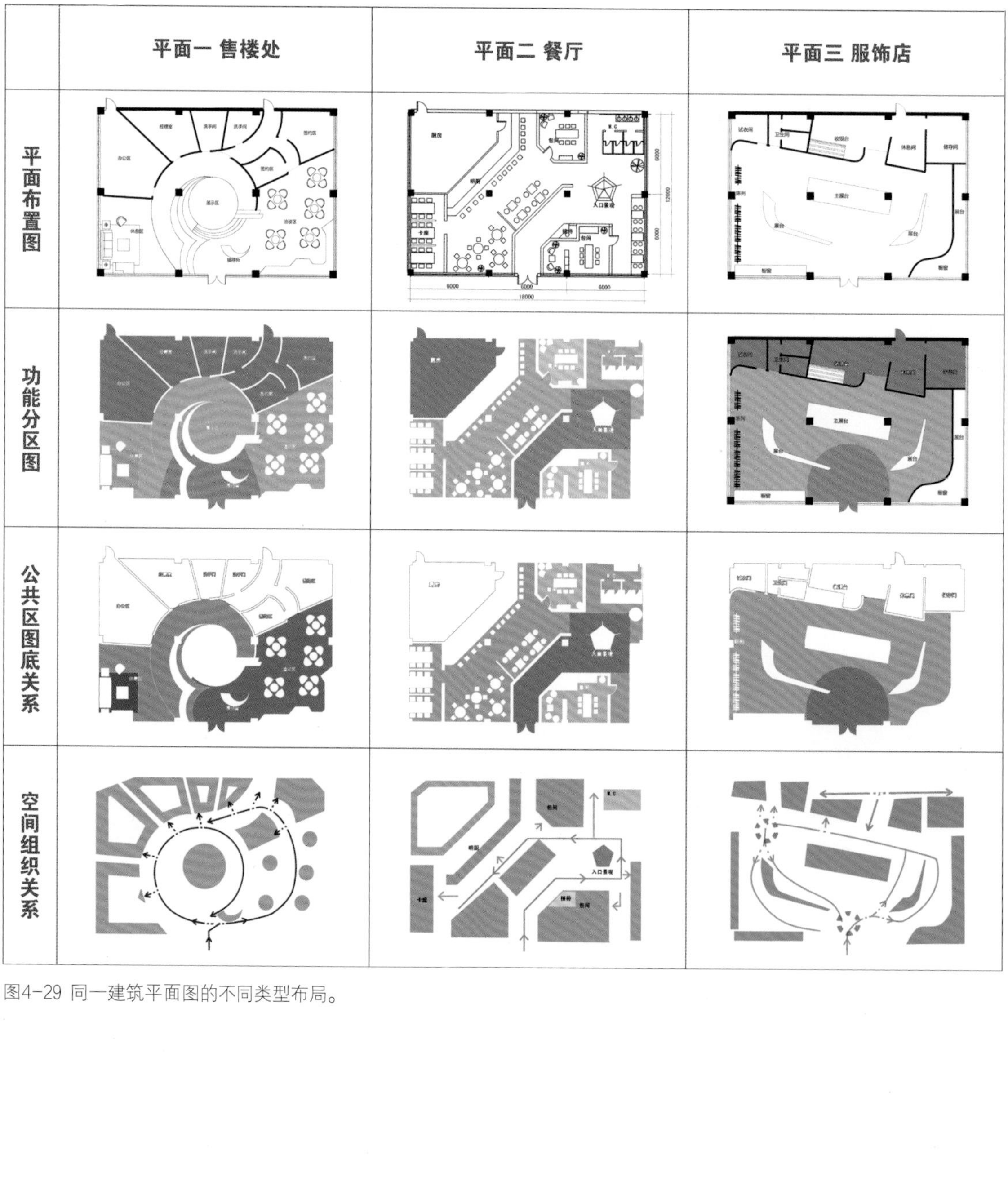

| | 平面一 售楼处 | 平面二 餐厅 | 平面三 服饰店 |
|---|---|---|---|
| 平面布置图 | | | |
| 功能分区图 | | | |
| 公共区图底关系 | | | |
| 空间组织关系 | | | |

图4-29 同一建筑平面图的不同类型布局。

# 第四章　单元习题和作业

## 1. 理论思考

（1）简述关于类型和类型学的概念。

（2）简述商业的集聚和形态要点。

（3）请举例简述餐厅空间主要类型特点。

（4）请举例简述发屋空间布局特点。

## 2. 操作课题

### 实训课题1

| 课题名称 | 小商铺空间的类型图示练习 |
|---|---|
| 实训目的 | 学习室内空间类型图示表现方法，训练对空间类型主要特征的认识和快速把握能力 |
| 操作要素 | 依据：以教师选定的五个小商铺建筑平面图和空间照片，作为设计分析素材<br>图解：SketchUp，白模。可以是手绘透视表现，Photoshop 绘制类型图示 |
| 操作步骤 | ●步骤 1：依据建筑平面图、实景照片，完成 SketchUp 白模，不要材质贴图<br>●步骤 2：渲染导出 2D 图、空间鸟瞰图，转换视角，形成系列图片<br>●步骤 3：Photoshop 绘制类型图示：对室内平面布局图归纳抽象<br>●步骤 4：PS 简单修图排版，在 word 文件中插图并附 100 字说明，上交电子稿 |
| 作业评价 | ● SketchUp 白模结构和画面是否完整<br>● Photoshop 绘制类型图示是否充分表现了类型结构特征<br>● 制作是否精细（参考图 4-28） |

| 课题名称 | 同一建筑平面图的不同类型布局设计 |
|---|---|
| 实训目的 | 通过对同一空间的不同用途布局设计训练，提高快速表现能力 |
| 操作要素 | 依据：以教师指定的小空间平面图作为布局设计分析素材<br>图解：CAD、Photoshop 绘制类型图示，可以是手绘透视表现 |
| 操作步骤 | ●步骤 1：研究售楼处、餐厅、服饰店的空间使用功能和常用布局类型，绘制售楼处、餐厅、服饰店平面布局图<br>●步骤 2：Photoshop 绘制图底关系图示、公共空间图底、空间动线图示<br>●步骤 3：完成三个类型图示分析——公共与私密、前场与后场、空间疏密关系<br>●步骤 4：在 word 文件中附图和文字说明，排版，交电子稿<br>●拓展练习 1：对三个不同类型空间立面和设施要素进行归纳与分析<br>●拓展练习 2：选择有平面图的过程案例照片，通过建模还原设计过程，分析空间类型设计特色 |
| 作业评价 | ●功能布局是否完整合理<br>●空间动线图示是否精练<br>●制作是否精细（参考图 4-29） |

## 3. 相关知识链接

（1）请课后阅读《建筑类型学》第三版，汪丽君著，天津大学出版社，2019年4月。

（2）请课后阅读《建筑学教程1：设计原理》，［德］赫曼·赫茨伯格著，天津大学出版社，2022年8月。

风格与材质设计

**5**

· **课前准备**

请每位同学准备 A4 白纸 2 张，规定时间 10 分钟，默写自己所熟悉的 2 种不同风格的服饰店展柜立面，并对所勾画示意图的材质给予标注。10 分钟后，检查同学们的作业，并给出点评。

· **要求与目标**

要求：了解空间风格的概念知识，类型化、产品化的商业空间风格与流派，风格设计要素和手法。了解商业空间表皮概念、色彩应用中的若干技巧和材料的性能、质感、肌理设计等内容。

目标：培养学生的专业操作能力，运用空间风格的相关知识，学会观察商业空间环境，学会运用风格设计的建构方法实现空间创意。了解材质配置规律和技巧。了解室内材料、质感、肌理特点，并加以灵活地运用。

· **本章要点**

①商业空间的风格与流派

②风格、表皮和材质概念

③材质应用中的若干技巧

· **本章引言**

为了适应人的需求，商业空间出现了很多相关联的环境设计主题与风格。本章讨论商业空间的风格特征及风格与流派以及材质配置，类型化、多元化的商业空间表皮特征，材料在形成商业空间风格中的作用。

空间风格具有集结的概念，它体现了试图把整体布局、空间营造及美学效果的所有因素集结到一个概念之中的尝试。在本节中，我们重点讨论商业类型、地域传统，以及时尚风潮对空间风格产生的影响和特点。

## 第一节　商业空间风格特征

### 一、商业类型与空间风格

#### 1. 空间风格

（1）"空间风格"一词原是在建筑学中单纯表示建筑物、场所空间或者建筑设计的一种格调，在概念上表述了以立体的维度通过环境的形态表达出的一种式样。

（2）空间风格特指某种空间造型形式所表现出的形式特征。从历史的属性来看：有哥特风格、罗马风格等；从社会的风格属性来看：有现代风格、古典风格等；从形态的属性来看：有抽象的风格、具象的风格等。

#### 2. 商业类型与空间风格

（1）商业空间风格的形成明显受其商业业态和特点的制约。其中包括传统商业业态所形成的空间风格、创新商业业态所形成的空间风格。

（2）传统商业业态经过长期经营积累，在空间类型与规模方面都有相对具休的模型，如门店立面风格特征、室内空间风格特征都具有强烈的传承意味。门头店招和字牌、门厅营业柜台布局以及朝向、尺度、展示、装饰等都传承了行业风格，从零售店、餐厅、药店、发屋等可以看出商业类型特征决定了其空间风格的形成。（图5-1～3）

（3）创新商业业态促使商业营业空间在功能、布局、设施、展示手法等多方面发生改变，形成现代空间风格。如新产品专卖店、旗舰店、主题店、体验店等，其营业空间有着与传统商铺完全不同的理解和使用。

### 二、地域传统与空间风格

在一定的民族区域中，民族特定的社会生活、文化传统、心理素质、精神状态、风土人情、审美要求都会反映到创作中来。这种地域性因素的影响有时会在不知不觉的情况下渗透于商业环境空间的模型和传承之中。

1. 许多商业空间不仅体现出对特定地域的社会生活、风景画、风俗画的描绘，体现着对地域性格的艺术形象的塑造，而且更注重对地域语言、地域体裁、地域传统的结构方法和艺术手法的运用。

图5-1 由老砖瓦组成的立面图案，具有强烈的传统商业门店立面设计特征，表现出隽永、经典、永恒的风格。

图5-2 舒展大气的餐厅电梯间设计，朝向、尺度、展示、装饰等都传承了行业风格。

图5-3 室内典雅的中式挂落设施，柔和的暖色调衬托出商品的奢华质感。

2.民族历史长期积淀，保留下来的是多样多元、有符号意味的原型空间形式，这些原型空间具有浓郁的地域文化气息。

3.需要采用类型学的一些基本方法，如"分类"，总结已有的类型，将其图示化为简单的几何图形并发现其"变体"，寻找出"固定的"与"变化的"要素，或者说从变化的要素中找寻出固定的要素。据此，固定的要素即成为简化还原后的空间结构和风格图式，设计出来的方案就与历史、文化、环境和文脉有了联系。

**案例：Vodafone CEC客户体验中心，捷克布拉格（图5-4~9）**

设计：IO Studio

图5-4 展示区的动感流线是设计亮点。多个空间单元经系统架构先后关系的结构组织而形成。

图5-5 空间基本呈长方形，中间为拓扑结构的展台及休憩区域，四周为展柜区域，从而形成基本的环形主流线。

图5-6 入口处的外立面为透明玻璃，并设有对外展台，方便在路上的行人直接观赏到展厅空间内部。

图5-7 展示区各空间单元可以是时间上的顺序组织，也可以是流线上的位序组织。

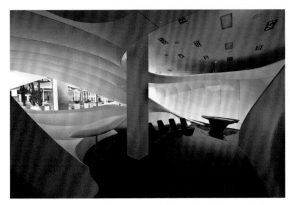

图5-8 设计师利用拓扑变化产生的特殊结构将展示和休憩空间合二为一。弯曲的白色高反射环氧树脂板，从天花板处直落而下，形成供人休憩的座椅平台。

图5-9 展架和洽谈区沿墙壁依次设置，这样既能最大限度地利用空间的死角，又可形成流畅的环形动线。

### 三、时尚风潮与空间风格

#### 1. 时尚的概念

（1）时尚是在特定时段内率先由少数人实验，而后为社会大众所崇尚和仿效的生活样式。

（2）时尚就是短时间里一些人所崇尚的生活。这种时尚涉及生活的各个方面，如衣着打扮、饮食、行为、居住，甚至情感表达与思考方式等。

（3）追求时尚是一门"艺术"。时尚带给人的是一种愉悦的心情和优雅、纯粹与不凡的感受，赋予人们不同的气质和神韵，能体现不俗的生活品位与精致感，以展露个性。

#### 2. 时尚风潮与空间风格

（1）人类对时尚的追求，促进了人类生活更加美好，无论是在精神上或是物质上。越来越多的人对时尚的追求要求更高，也促进了时尚风潮的形成。

（2）新业态和新商业模式要求空间风格新颖别致，紧随时尚风潮，领先于市场，表现出"实验性"特征。实验性的概念中包含了前卫性、未来性、概念性的特点。层出不穷的新产品概念店、体验店、形象店、专卖店在空间设计中，表现出时尚风潮的实验性特征的空间设计大批涌现。其中，建筑设计、场地功能、路径流线、空间建构、场景营造、色彩与材质处理、照明设计、艺术品植入，都给人以强烈的视觉冲击力和特异新奇的空间体验。

案例见二维码

一个空间环境，其表皮一般由多种材质组成，而不同材质的组配方式能改变环境的风格特征。它们是媒介，是表情，组合并塑造出了空间的风格与气质。在本节中，我们重点讨论空间表皮概念和类型化的商业空间表皮特征。

## 第二节 表皮概念和特征

### 一、表皮概念

表皮是指人和动物皮肤的外层。建筑空间表皮是指用于建筑物表面的各种饰面材料，它具有美化和保护建筑物的作用。

#### 1. 表皮的分类

（1）结构性表皮：在建造中，结构是空间装饰的骨架，是整个隔断的支撑系统，而表皮是隔断外部围护界面的物质系统，是室内建构与其所处环境空间之间的外在层面。因此，结构性表皮是室内设计中最无法回避的基本问题之一。

（2）功能性表皮：如果是依赖结构的，则结果和上面的表述类似。如果是脱离结构的，如框架结构，则其表达和功能联系紧密。

（3）独立表皮：是指膜、玻璃、片木、铝和钢等材料的建筑与室内立面。这种立面表皮，基本是和结构分离了，作为独立的表皮而存在。

#### 2. 表皮的作用

（1）空间表皮类似于人们的服饰，服饰在满足人们保暖、遮盖要求的基础上，还有美观修饰、体现衣者品位、身份的作用。它在满足空间设计一些基础功能的同时，还要实现其装饰、烘托、营造环境氛围的作用。

（2）空间表皮关系到商业空间视觉质量、触觉质量和使用质量，关系到顾客的生理与心理体验，以及营销服务效果。

### 二、类型化的表皮特征

空间表皮是一种丰富的设计语言，有自身的词汇、组织结构、类型特征。木材、石材、金属、玻璃、涂料、织物、皮革等是常见的装修材料（图5-10～13），它们在长期商业空间使用中，渐渐形成了类型化、符号化的表皮特征。详见表5-1。

### 表5-1 常用装饰材料的表皮特征

| 材料 | 材质特征 | 色彩特征 | 空间类型使用特征 |
|---|---|---|---|
| 木材 | 材质均匀、纹理顺直、耐久性较好，方便加工，手感好 | 色泽质朴温润，色调色阶丰富，亲和度高，具温暖感 | 常作为餐饮空间、传统特色商铺的表皮材质和家具主材 |
| 石材 | 分天然与人造、光面与毛面，材质硬朗，抛光后似镜面 | 花岗岩和大理石纹理、色调色阶丰富，简约与富贵感并存 | 常作为酒店大堂会所空间、餐饮大堂和专卖店的表皮材质 |
| 金属 | 金属材料具有光泽度强、易清洁、易加工等优点，品种多样 | 锈面金属的色泽质朴，铁锈色色调饱满厚重，有沧桑感 | 不锈钢常作为酒店大堂与石材搭配的材质和金属构件 |
| 玻璃 | 具有高透性、抗压性强、化学稳定性较好、耐腐性强等优点 | 色彩浅淡，容易与木材、金属、石材、陶瓷等材质配合使用 | 使用广泛，常作为大门、隔断围合、展厅、装饰等 |
| 陶板 | 硬朗与柔顺结合，质感肌理丰富，方便加工 | 色泽质朴，色调饱满厚重，亲和度高，有温暖感，色阶丰富 | 常作为餐饮空间、会所空间、传统特色商铺的表皮材质 |
| 织物 | 梭织物、无纺布，肌理丰富。 | 色泽质朴，色调色阶丰富 | 常作为餐饮空间墙面材质 |
| 皮革 | 分真皮和人造革，质感肌理丰富，方便加工，手感好 | 色调饱满厚重，亲和度高，有温暖感和富贵感 | 常作为酒店大堂、餐饮大堂、歌厅空间的吸音表皮 |

图5-10 石：毛面、抛光石材，作为建筑和室内表皮材料，肌理丰富，风格硬朗。

图5-11 金属：锈面金属的色泽质朴，铁锈色调饱满厚重，有沧桑感。

图5-12 混凝土：经过浇筑成形，采用不同的模板可以得到
不同的表皮肌理效果。

图5-13 木：材质均匀、纹理顺直，易加工，色泽质朴温润，
色阶丰富，方便与石材等搭配。

### 三、多样化的表皮创新

除了常用的装饰材料和表皮，如今的商业空间中出现了越来越多的
创新表皮，呈现多样化的特征。

1. 新材料新表皮：新人工合成材料不断补充进来，如彩色涂层钢板、
钛金镜面板、铜合金等，还有各种仿木材料、树脂材料等。新材料带来
新表皮新质感，生成新空间风格。

2. 表皮组织结构创新：层次化、复杂化加工处理和施工拼贴。如，
借助参数化技术，制造有规律的表皮渐变起伏，加大表面肌理生成，像
对待细胞结构那样处理表皮细节，使表皮更具有视觉冲击力。

3. LED数控表皮：借助LED数控照明技术和设施，设计制作省电模式的
亮屋亮墙亮地，并可以数控操作换色调、换图案，做渐变、动态变化，还可
以做人与空间的互动，触摸变色，奇特体验，光怪陆离，商业味道浓郁。

4. 老材料新用法：对传统装修材料的重新认识和创新使用。如全纸
质墙顶地和家具材质、全玻璃墙顶地和家具材质、全金属墙顶地和家具
材质，或者是互换使用材质等。（图5-14～17）

图5-14 表皮组织结构创新：制造有规律的表皮渐变起伏，使表皮更具有视觉冲击力。

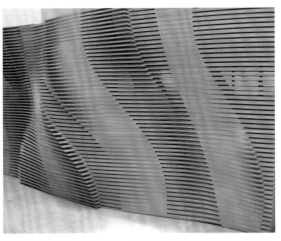

图5-15 密度板材料新用法：通过参数化设计建构新的表皮肌理。

图5-16 LED数控表皮：借助LED数控照明技术和设施，设计制作省电模式的亮屋亮墙亮地。

图5-17 新材料新表皮：彩色涂层钢板、钛金镜面板、铜合金等，生成新空间风格。

　　材料，是可以用来制造有用的构件、器件或物品等的物质。而材质可以看成是材料和质感的结合，是物体被观看和触摸的表皮质地。在本节中，我们重点讨论材料的性能、质感、肌理，以及商业空间材质应用技巧。

## 第三节　商业空间材质设计

### 一、材料属性

　　材料属性是构成空间表皮材质表现的基础。根据恒定性与可变性，材料属性可以被分为两类——物理属性和感官属性。物理属性：密实度、硬度、比重、绝热性能、承重性能等可以被物理实验确定的性能；感官属性：在时间和气候等因素作用下可变的或偶然的呈现，并且能被人知觉所感知的属性，如不同强度光照下材料的表面颜色、光泽度，以及不同加工条件下材料所体现的触感及轻重感。

影响材料属性表现的因素，包括：人力因素，人的建造和加工材料，决定了表皮材质表现；时间因素，材料属性会在时间的雕琢下变化；使用位置因素，材质属性表现受到所在建造的具体位置影响。（图5-18~21）

图5-18 木材加工：肌理、染色、组织结构和建造方式。　图5-19 砖块加工：砌筑、凹凸、肌理、色泽、纹理、方向。　图5-20 石材加工：斩石、刻石、锤点、打磨、抛光。　图5-21 金属板加工：镂空、压痕、凹凸、编织、焊接、着漆。

## 二、材料在空间设计中的表现

材料的不同形态、质地、色泽，以及肌理等对表皮材质的形成都格外重要。

1. 材料可以作为主导元素影响对空间关系的组织，空间与材质呈现要素式的匹配，用以建造的实体材料介入了构图，参与对空间的塑造。

2. 以材料作为塑造空间氛围的手段。通常，空间氛围的塑造主要依赖空间几何秩序及形状，人们对空间的感知也主要依赖视觉。而当材质摆脱了抽象构件身份时，它就不再仅仅是一种视觉图像，还获得了重量、温度、光泽、粗糙或者细腻的表面，甚至是气味。

3. 不同表皮材质的融合、对比，以及对单一材料感官属性的发掘，都可以塑造空间氛围。

（1）光泽感。有光泽感的材料能产生镜面的效果，从而起到扩大空间感，产生一种魔幻与对称的神奇视觉体验，像镜面不锈钢、镜面石材、刷清漆的木材、玻璃、玻化瓷砖等。

（2）粗糙与细腻。这种触觉体验是由材料的质地决定的，也是相对存在的。

（3）柔软与坚硬。皮毛、织物等给人柔软、舒适的感觉。柔软与坚硬的感觉也是相对的，比如木材，它有一定的硬度，但较石材、金属等却要显得柔软得多。

（4）透明感。常见的透明材料有玻璃、有机玻璃、透明有色玻璃等；半透明的材料有磨砂玻璃、半透明有色玻璃等。人们利用材料的透明性可以分割和改善空间。

（5）冷暖感。材料给人的感觉有冷暖之分，如金属、玻璃等给人冷的感觉；而羊毛、织物等则给人温暖的感觉；木材，属于中性材料，在使用上很容易与其他的材料达到和谐。

在自然、人力、时间因素等作用下，材料会呈现多样肌理表现。（图5-22）

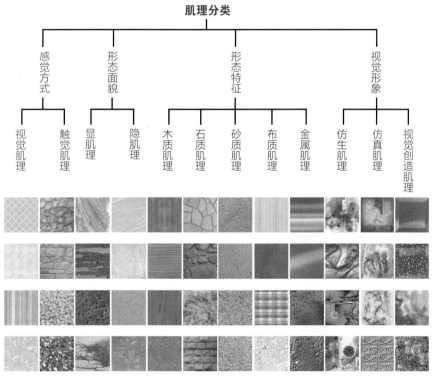

图5-22 肌理分类。

## 三、商业空间材质设计方法

灯光、色彩和空间与装饰材料发生关系，并对材料质感的体现产生一定的影响。人们对材料质感的感知度低于对材料色彩和形态的感知度，商业空间材质设计方法也是围绕提高材质感知度展开的。（图5-23~26）

图5-23 织毯材料的拼贴和编结能形成新的表皮肌理，层次丰富，蕴含浓郁怀旧情感。将木板材料切割安装，可在装饰环境的同时起到消音的作用。室内装饰一般情况下都会有一个主材料并决定主色调。本案例使用本色综合材料作为顶地墙主材料，形成图底关系及背景与中心物的衬托关系，凸显空间亲和与刚性特质。

图5-24 由网格构成的顶部灯光装置与编织肌理装饰材料墙面风格统一。

图5-25、图5-26 采用简约、绿色设计方法，塑造复古怀旧空间风格。通过切换类型的材料使用习惯，改变空间面貌和效果。

1. 主材统一法。室内装饰一般情况下都会有一个主材料，并决定了主色调。这个主材料贯穿于整体空间当中，用于大面积的部位。在确定主材料的基础上，考虑细节的变化来体现室内情调，比如改变拼贴材质尺度、改变纹理方向、改变结构工艺，以丰富空间层次。

2. 肌理照明法。灯光会使材料的质感发生变化，例如灯光本身的色彩会对材料的质感产生影响，纯度高的光易于改变材料原有色彩所带来的视觉感受，适当强度、光色的灯光有利于强化材料原有的肌理特征。

3. 图底切换法。顶地墙和家具有着不同的主材料，形成图底关系及背景与中心物的衬托关系。切换材质与空间所形成的图底关系，通过材料互换、色相和明度互换，生成新的图底关系和层次。

4. 类型切换法。不同空间类型对应不同的表皮材质类型。通过切换类型的材料使用习惯，可以改变空间面貌和效果。

5. 色彩修正法。室内环境的色彩都是基于材质之上的，也正因为如此，材质是色彩的载体，色彩是材质的外在表现。色彩可以对材料本身的质感起掩饰和修改的作用。

**案例：Zen Sushi Restaurant 日本寿司店设计，意大利罗马**

设计：Carlo Berarducci Architecture（图5-27～30）

图5-27 作品运用了红黑色调和传统木格栅图案，既有浓烈的东方元素，又兼有简约抽象的现代感。

图5-28 直线型空间布局、条块状细部结构，实与虚、完整与残缺使空间更加灵动。

图5-29 空间敞亮、剔透。光影、光斑的形态增加了空间表现的丰富度和美感。

图5-30 黑色背景衬托红色和橘色主色调，温馨甜美，视觉效果强烈。

其他案例见二维码

## 第五章　单元习题和作业

### 1. 理论思考

（1）什么叫空间风格？

（2）什么叫终端包装策略？

（3）请举例简述产品特性与空间风格及设计的关系。

（4）请举例简述空间设计与品质文化提升的要点。

（5）简述材料在空间设计中的表现。

### 2. 操作课题

（1）选择一条服饰街，对门面和营业空间进行多角度拍照。通过对所拍摄资料的归类和分析，总结服饰店空间风格与品牌关系及特点。

（2）对一家服饰店的空间风格进行较深入的解析，从设施、材质、装饰细节进行分类和总结。

### 3. 相关知识链接

（1）请课后阅读《室内风格设计》，杨梨文编著，中国电力出版社，2022年10月。

（2）请课后阅读《材质之美：室内材料设计与应用》，李朝阳著，华中科技大学出版社，2014年7月。

商业空间设计与实践

**·课前准备**

请每位同学准备 A4 白纸 2 张，规定时间 10 分钟，默写罗列自己所熟悉的不同的照明设计方法，并进行分类。10 分钟后，检查同学们的作业，并给出点评。

**·要求与目标**

要求：了解照明设计概念知识，了解商业空间类型与光环境塑造手法，了解商业空间照明设计应用。

目标：培养学生的专业操作能力，能运用照明设计相关知识处理不同的商业空间类型的照明问题，培养光环境塑造能力。

**·本章要点**

①照明设计概念及特征

②光环境塑造

③了解照明设计的要点

**·本章引言**

在商业空间设计中，照明设计是为了更好地展现商品、吸引顾客、扩大销售，达到功能性与艺术性兼顾。在本章中，我们重点讨论商业空间照明设计特征、照明应用中的若干技巧。

照明设计必须与空间布局、商品构成、陈列方式相匹配，同时也要与风格表现气氛烘托相融合。在本节中，我们重点讨论照明设计的概念、特征、功能作用及基本原则。

## 第一节　照明设计基本原则

### 一、照明设计概念

照明的首要目的是创造良好的可见度和舒适愉快的环境。

照明设计也称灯光设计，其主要任务是实施人工光源的人工照明，同时合理利用天然采光的整体光环境设计。照明设计有数量化和质量化设计之分。

1. 数量化设计是基础，就是根据场所的功能和活动要求确定照明等级和照明标准（照度、眩光限制级别、色温和显色性），来进行数据化处理计算。

2. 质量化设计，就是以人的感受为依据，考虑人的视觉和使用人群、用途、建筑的风格，尽量多收集周边环境（所处的环境、重要程度、时间段）等因素，做出合理的决定。

### 二、照明设计功能作用

"照明"就是给环境送"光"。"光"具有显现或改变空间形象的本领，有烘托气氛、传递情感的魅力。商业空间的照明设计功能可概括为：

1. 满足空间使用需求；

2. 吸引购物者的注意力；

3. 创造合适的环境氛围，完善和强化商店的品牌形象；

4. 调动顾客情绪，刺激消费；

5. 以最吸引人的光色使陈列的商品质感生动鲜明。

### 三、照明设计基本原则

1. 功能性原则。照明设计需全面考虑光源、光质、投光方向和角度选择，使室内活动的功能、使用性质、空间造型、色彩陈设等与之相协调，以确保良好的照明质量，满足工作、学习和生活的需要。

2. 美观性原则。即从艺术的角度来研究照明设计，增强室内照明的感染力，形成一定的环境氛围，丰富空间的层次和深度。具体可通过以下三种方式：一是利用灯具造型的装饰性，二是通过人工光的强弱、明暗、隐现等有节奏的控制，三是利用各种光色的艺术渲染力。

　　3. 安全性原则。线路、开关、灯具的设置都需要有可靠的安全措施。

　　4. 经济性原则。表现在两个方面：一是采用先进技术，充分发挥照明设施的实际效果；二是在确定照明设计时要符合我国当前在电力供应、设备和材料方面的生产水平。（图6-1～4）

图6-1 照明设计也称灯光设计，其主要任务是实施人工光源的照明。

图6-2 环境漫射光，结合地面材质和图案变化，形成如光斑似的空间效果。

图6-3 人工照明与自然光交错结合的室内光环境设计。

图6-4 结合玻璃镜映材质的点、线光斑效果设计，空灵而富有变化。

光线赋予空间以灵魂，如果没有光，空间也就失去了存在的价值。光在展示空间的同时还参与了空间的再创造。在本节中，我们重点讨论光与影、光源与环境气氛、光环境塑造。

## 第二节　商业空间光环境塑造

### 一、光与影

1. 光、光域。空间中的光线可以看作由"光域"组成，光域是光线变量：强度、方向、分布和颜色的空间组团。强度、方向、分布和颜色等光线变量对于赋予空间和形式的光线很重要。光域由周围的"黑暗"创造和包围。光可以把空间分为明亮区和灰暗区，还可以塑造明暗相间的复合空间。

2. 影。影产生于光，最迷人的影是在阳光下产生的。人造光，也就是灯光、烛光等也产生影。影的长短、虚实衬托物体，并增加了环境动态性和变化性。光环境的设计不仅是"光"的设计，而且要留心"影"的设计。

3. 光与影。光与影是塑造形状和空间的不可分离的要素，两者互相补充，影可用光来调节，光也可用影来完善。设计师可以利用不同的光源照射角度，即顶光、底光、顺光、侧光、逆光等，控制影的虚实与形态，巧妙地应用光环境造型，制造出雕塑般的艺术效果。（图6-5~8）

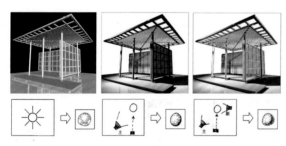 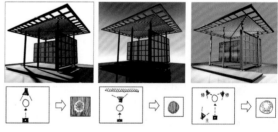

图6-5 照明方式（从左至右）：日光漫射、单灯打光、双灯双方向打光。

图6-6 照明方式（从左至右）：逆光、背景光、多灯多方向打光。

图6-7 光与影两者互相补充，影可用光来调节，光也可用影来完善。

图6-8 影产生于光，最迷人的影是在阳光下产生的。

## 二、光源与环境气氛

光源对环境氛围的塑造，通过色温、照度、方向来实现。

1. 色温。光源的光色对空间气氛的创造起着决定性的作用，而其又与光源的色温相关。色温低的光源，如红光、黄光等，会使空间有一种稳定、温暖的感觉；随着色温升高，光逐渐呈现出白色乃至蓝色，使空间气氛变得爽快、清凉。

2. 色温与照度。当基本照明的照度较低采用色温高的光源会使空间产生一种阴冷的感觉；而照度较高、色温偏低时，则又会造成闷热的气氛。所以应根据空间环境的总体设计要求，选择适当的照度和色温，还可采用不同光色的光源组合手法创造最佳的光环境，并通过光色的对比，巧妙布置"照度的层次"和"光色的层次"。

3. 光源投射方向与遮光处理。光源通过不同方向的投射与遮光装置界定和划分空间，调整空间的体量感，甚至创造出心理的虚空间，使空间的变化更丰富、灵活。

## 三、商业空间光环境塑造

1. 利用光影创造空间深度与层次感，是一种既经济又容易营造空间氛围的好方法。室内空间的开敞性与光的亮度成正比，亮的房间感觉要大一点，暗的房间感觉要小一点，充满房间的无形的漫射光也会使空间有无限的感觉，而直接光能加强物体的阴影，加强空间的立体感。

2. 利用光，可以加强希望被注意的地方，也可以削弱不希望被注意的地方，从而使空间得到完善和净化。许多商店为了突出新产品，用亮度较高的光重点照明该产品，而相应削弱次要的部位，从而获得良好的照明艺术效果。

3. 不同的商业空间类型有着差异化的光环境塑造要求。如，餐饮空间用明亮柔和的暖光环境提升顾客的食欲，拉近人和就餐环境的关系。歌厅空间以暗调和聚光交叉，处理私密和共享并存的空间区域关系。专卖店的全方位开敞明亮，可营造产品高贵、前卫、高技术品质的特点等。（图6-9~12）

图6-9 利用发光体，加强希望被注意的地方，使空间得到完善和净化。

图6-10 不同的商业空间类型有着差异化的光环境塑造要求。

图6-11 暗调和聚光交叉，处理私密和共享并存的空间区域关系。

图6-12 汽车打光，表现产品品质的高贵、前卫、高技术特点。

照明是作为设计要素之一走进空间设计的。随着技术进步，照明将以人文思想作为设计理念，以丰富的照明手段创造更多新颖的照明方式。在本节中，我们重点讨论照明设计的分类、设计的方式和应用技巧。

## 第三节　商业空间照明设计应用

### 一、商业空间照明层次

现代商业空间照明层次可以分为基础照明、重点照明、艺术照明三种。（表6-1）（图6-13）

### 表6-1 商业空间照明层次及特点

| 照明层次 | 照明特点 | 效果评价 |
|---|---|---|
| 基础照明<br>（常规照明） | 指照亮整体空间的照明方式，它不针对特定的目标，而是提供空间中的光线，使人能在空间中活动，满足基本的视觉识别要求。其水平照度基本均匀，适合选用比较均匀的照明器具 | 满足基本的视觉识别要求和功能需求 |
| 重点照明<br>（区域照明） | 是突出、强调商品的一种照明形式。重点照明的亮度一般是基础照明的3～6倍。它使商品处于明亮的空间区域中，让顾客能够清楚地看到商品特征 | 定向光表现光泽，突出立体感和质感 |
| 艺术照明<br>（装饰照明） | 是为吸引视线、突出表现室内空间艺术个性、营业性格及气氛而设置的，为空间提供装饰，并在室内设计和为环境赋予主题等方面扮演重要角色。主要体现：一是灯具本身的空间造型及其照明方式，二是灯光本身的色彩及光影变化所产生的装饰效果，三是灯光与空间和材质表面配合所产生的装饰效果，再就是一些特殊的、新颖的先进照明技术的应用所带来的与众不同的装饰效果 | 对表现空间风格与特色影响举足轻重，是商业展示空间照明设计中需重点考虑的部分 |

**艺术照明的表现形式**

点状光　　　线状光　　　面状光　　　带状光　　　体状光　　　形状光

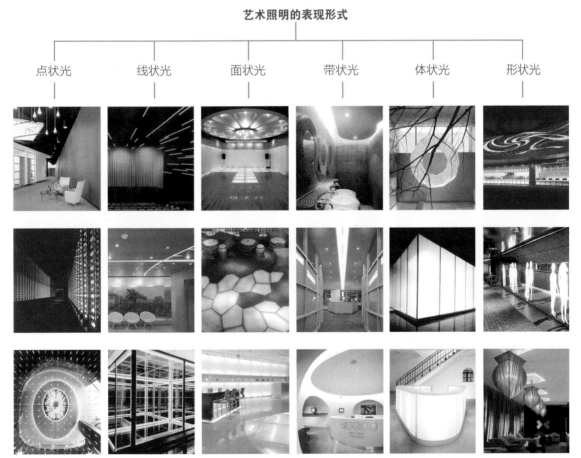

图6-13 艺术照明的表现形式分类。

## 二、商业空间照明方式

现代商业空间照明方式有直接照明、间接照明、半直接照明、半间接照明、漫射照明。（表6-2，图6-14~17）

### 表6-2 商业空间照明方式

| 照明方式 | 光照特征 | 照明特点 | 效果评价 |
|---|---|---|---|
| 直接照明 | 90%~100%光线向下直接投射，10%以内的光线向上直接投射 | 满足基本的视觉识别要求和功能需求 | 主导地位，光量大，有强烈的阴影并伴有眩光 |
| 间接照明 | 90%~100%的光线向上投射，10%以下的光线向下投射 | 定向光表现光泽，突出立体感和质感 | 通常和其他照明方式配合使用，艺术效果好，光量弱，但无眩光 |
| 半直接照明 | 60%~90%的光线向下直接投射，40%~10%的光线向上投射或反射 | 对表现空间风格与特色影响举足轻重，是商业展示空间照明设计中需重点考虑的部分 | 明暗对比柔和，光量较大 |
| 半间接照明 | 60%~90%的光线向上投射，40%~10%的光线向下投射 | 半间接照明是把半透明的灯罩装在灯泡的下部，10%~40%的光通量直接投射于工作面，而其余的光通量反射到顶部，形成间接光源进行照明的一种方式 | 与间接照明接近，光量较小，阴影与眩光较弱 |
| 漫射照明 | 40%~60%的光线扩散后向下投射，60%~40%的光线扩散后向上投射 | 漫射照明方式是利用灯具的折射功能来控制眩光，将光线向四周扩散漫射。这种照明大体有两种形式：一是光线从灯罩上口射出经平顶反射，以及从半透明灯罩扩散；二是用半透明灯罩把光线全部封闭而产生漫射 | 光线柔和，视觉舒服，阴影和眩光得到了改善 |

图6-14 背景光，利用灯具的折射功能来控制眩光，将光线向四周扩散漫射。

图6-15 常规照明和背景光结合，光环境简约纯粹。

图6-16 对产品重点射灯照明与产品环境明暗色块控制的交错布光设计。（刘谦摄影）

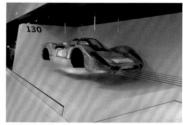

图6-17 通过将汽车模型悬吊并内设发光装置，取得精致灵动的效果。（刘谦摄影）

### 三、商业空间照明应用技巧

应用技巧有空间表现、投射表现、行业表现、情景表现、科技表现技巧等。（表6-3，图6-18~25）

#### 表6-3 商业空间照明应用技巧分类

| 类型 | 光照方式 | 照明特点 |
|---|---|---|
| 空间表现技巧 | 面发光 | 磨砂玻璃、柔光布的内置灯发光，发光柔和，容易形成视觉中心 |
| | 发光带 | 灯槽发光带和蒙柔光布发光带，勾勒描绘空间界面，引导空间延伸 |
| | 勾线光 | 勾勒描绘空间界面和塑形勾线，有曲线勾勒和直线布光 |
| | 点式光 | 网格均匀布光和连续点式光，方便调节光照，点阵效果 |
| | 发光体 | 体光具有多方向多面显光特点，发光轻盈、完整，空间感、科技感强烈 |
| | 地发光 | 玻璃砖发光地面，整体空间干净明亮，发光柔和，科技感强烈 |
| | 顶发光 | 柔光布的内置灯发光，整体空间干净明亮，发光柔和，科技感强烈 |
| 投射表现技巧 | 漫射光 | 上射顶面，漫射，照亮环境；发光柔和，整体空间干净明亮 |
| | 上下夹射 | 上下夹击射光，顶部用射灯和展台发光来衬托展品，突出展品 |
| | 投射光斑 | 利用光的投射所形成的光斑来改变室内空间表皮肌理，通过控制光斑大小与投射方向来使空间发生多样变化，产生动态效果 |
| | 旋转打光 | 利用旋转打光增加空间的流动感和感性成分，容易形成视觉中心 |
| | 脚灯射光 | 灯具安装部位低，可以使空间产生悬浮感 |
| | 水灯射光 | 灯具安装在景观水池侧面和底部，透过水波泛光增加空间灵动感 |
| 行业表现技巧 | 酒吧照明 | 酒吧空间的暗调光照需求，采用藏光和漏光方式营造氛围。同时吧台重点打光，形成光效对比 |
| | 餐桌照明 | 餐饮空间用光，采用射灯集中对餐具和菜肴打光，提亮菜肴的色泽，注意所打光不能够落在客人身上 |
| | 珠宝照明 | 如珠宝首饰柜台，打光强烈，而顶部照明相对柔和，弱化处理 |
| | 科技照明 | 数码产品、瓷砖产品专卖店照明，通透、光亮、整洁、富有科技感 |
| 情景表现技巧 | 情景照明 | 人们跟随光源的提示，沉浸在所营造的情景中，体验空间 |
| | 怀旧照明 | 设计利用光色彩的心理作用，通过暖色调光源的使用，产生热闹辉煌的光效，以达到加强怀旧感的目的 |
| 科技表现技巧 | 炫彩照明 | 投影仪等多媒体的投入使用，动态光束配合图像、动画的表现，共同展现设计主题，传递视觉信息，达到炫彩照明效果 |
| | 3D照明 | 3D数字技术、参数化编程、多媒体光效技术，塑造出虚拟的三维空间 |

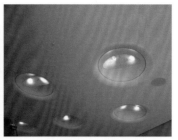

图6-19 精致而富有产品感的点光灯具。

图6-18 中庭空间天棚面式漫射光，结合点式射灯的布光设计。

图6-20 曲线勾勒和直线布光勾勒描绘空间界面和塑形勾线的线式照明。（刘谯摄影）

商业空间设计与实践

图6-21 室内线式照明与顶棚天窗自然光产生色温和冷暖对比。（刘谯摄影）

图6-22 圆形天窗通过磨砂玻璃、柔光布发光，发光柔和，容易形成视觉中心。

图6-23 以发光地面衬托为主、射灯补光为辅的产品展示用光。

图6-24 投影仪等多媒体的投入使用，辅以动态光束配合图像、动画的表现，共同展现设计主题。

图6-25 室内环境光斑与室外面光结合、产品点光照射与漫射结合的综合布光。

**案例：OPEN Prototype for Temporary Sales Pavilion 体验店设计，北京（图6-26）**

设计：OPEN Architecture

其他案例见二维码

图6-26 空间表皮为轻质铝材结构，由棕暖色调、黄色调光源光照，刚性直线空间结构与暖色布光增加空间跳动感，采用藏光和漏光方式营造氛围。

## 第六章　单元习题和作业

### 1. 理论思考

（1）什么叫照明设计？

（2）请举例简述照明设计基本原则。

（3）请举例简述营业区空间照明方式。

（4）请举例简述商业空间照明应用技巧。

### 2. 操作课题

（1）选择一家服饰店，对门面和营业空间进行多角度拍照。通过对所拍摄资料的归类和分析，总结服饰店照明设计特点。

（2）对一家服饰店的照明方法进行统计，对照明设施加以分类和总结。

### 3. 相关知识链接

（1）请课后阅读《图解照明设计》，刘涛、庹开明编著，机械工业出版社，2019年6月。

（2）请课后阅读《照明设计手册》，［美］苏珊·M.温奇普著，华中科技大学出版社，2020年8月。

**·课前准备**

请每位同学准备 A4 白纸 2 张，规定时间 10 分钟，默写自己所熟悉的 5 种不同规格的餐桌勾画示意图，并标注尺寸。10 分钟后，检查同学们的作业，并给出点评。

**·要求与目标**

要求：了解人体工程学的基本概念及其研究内容，熟悉人与家具、设施之间的尺度关系，无障碍设计的尺寸关系等内容。

目标：培养学生的专业操作能力，重点掌握人体各项静态尺寸、动态尺寸的具体数据和人占据空间的详细尺寸，并在从事室内设计活动时能加以灵活运用。

**·本章要点**

①人机工学基础数据与基本概念

②商业空间的家具设计

③商业空间配套设施设计

**·本章引言**

在商业空间设计过程中，人与环境、家具之间的尺度关系是最为重要的。商业设施设备的规划设计因其规模、业态不同而不同，在进行具体规划设计时，应当遵循一套能够兼顾功能和经济成本的设计体系。在本章中，我们重点讨论人机工学基础数据与基本概念、家具设计和配套设施设计。

人机工学从不同的学科、领域发源，面向更广泛领域的研究和应用，因为人机环境问题是人类生产和生活中普遍性的问题。在本节中，我们重点讨论人机工学基本概念、人机工学与商业空间、家具和设施设计的关系。

## 第一节　商业空间的人机工学

### 一、人机工学基本概念

人机工学也称人机工程学或功效学。它是研究人在某种工作环境中的解剖学、生理学和心理学等方面的因素，研究人和机器及环境的相互作用，研究人在工作与生活中怎样能更健康、安全、舒适和提高工作效率的学科。

人机工学现在已发展为一门多学科交叉的工业设计学科，研究的核心问题是不同的作业中人、机器及环境三者间的协调，研究方法和评价手段涉及心理学、生理学、医学、人体测量学、美学和工程技术等多个领域。它通过各学科知识的应用，来指导工作器具、工作方式和工作环境的设计与改造，使得作业在效率、安全、健康、舒适等几个方面的特性得以提高。

### 二、人机工学与商业空间

人机工学里面所说的"机"是广义的，泛指一切人造器物，大到飞机、轮船、火车、生产设备，小到一把钳子、一支笔、一个水杯，也包括室内外建筑、环境及其中的设施等。人机工学的研究内容，是人—机—环境的最佳匹配、人—机—环境系统的优化。

商业空间尺度设计，离不开对人机工学的研究。建筑内的器物为人所用，因而人体各部位的尺寸及其各类行为活动所需的空间尺寸，是决定建筑开间、进深、层高、器物大小的最基本的尺度。空间尺度并不仅限于一组关系，它是一个错综复杂的系统，包含部分与整体、部分与部分之间的对应，物体与人体尺寸的对应，常规尺寸与特殊尺寸的对应关系。（图7-1~2）

### 三、人机工学与家具设计

家具设计是以人为服务对象，应以人机工学为基础，而人体尺度是人机工学在运用过程中最重要的基础数据，它决定了人机工学在实践中

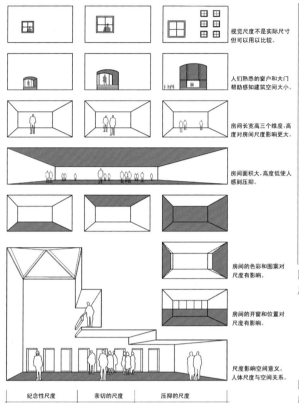

视觉尺度不是实际尺寸但可以用以比较。

人们熟悉的窗户和大门帮助感知建筑空间大小。

房间长宽高三个维度,高度对房间尺度影响更大。

房间面积大,高度低使人感到压抑。

房间的色彩和图案对尺度有影响。

房间的开窗和位置对尺度有影响。

尺度影响空间意义。人体尺度与空间关系。

| 纪念性尺度 | 亲切的尺度 | 压抑的尺度 |

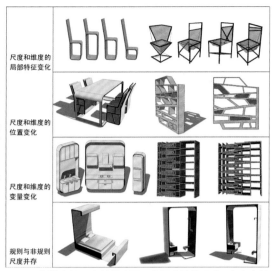

尺度和维度的局部特征变化

尺度和维度的位置变化

尺度和维度的变量变化

规则与非规则尺度并存

图7-2 制约家具尺度的最主要因素是人体的尺度,改变家具局部尺度和组合可以生成新形态。

图7-1 人的行为活动所需的空间尺寸决定建筑开间、进深、层高、器物大小的最基本尺度。

运用的结果。在家具设计中,人机工学所起的作用主要体现在以下几个方面。

1. 为确定室内物理环境的各项最佳参数提供依据,从而符合人体生理和心理的要求。

2. 为确定室内空间尺度提供依据。制约空间尺度的最主要因素是人体尺度。诸如人体的平均高度、宽度、蹲高、坐高,与弯腰、举手、携带行李、牵带小孩,以及残疾人拄手拐、坐轮椅所需的活动空间尺寸等。

3. 为确定家具与设施的尺寸和空间范围提供依据。依据人机工学所提供的人体基础数据进行家具设计和布置,可以使人体处于舒适状态和方便的状态中。

4. 为无障碍设施设计提供依据。给予辅助工具合理方便的空间活动范围,符合使用特点。（图7-3～6）

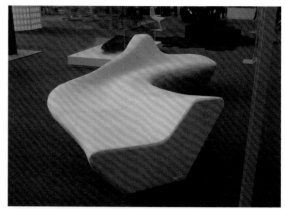

图7-3 人体尺度是人机工学在运用过程中最重要的基础数据。

图7-4 结合人机工学反转靠背设计的Z形"冰碛"（Z.Scape Moraine）沙发。

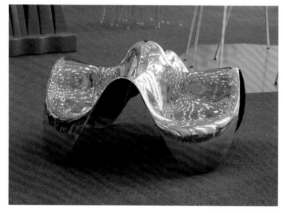

图7-5 Darwish沙发，四人座雕塑金属椅，使人体处于舒适状态和方便状态中。

图7-6 如同面具的尼姆（NEMO）椅，把一张脸掏空创造出一个符合人体尺度的凹陷空间。

　　在商业空间的气氛构成中，家具之间的组合、布置是否合理，以及家具与空间功能如何组合，都会直接地影响空间环境的氛围。在本节中，我们重点讨论商业空间中的家具要素、空间类型与家具布置、家具设计。

## 第二节　商业空间家具设计

### 一、商业空间中的家具要素

　　家具，是指供人生活、工作用的器具，是室内空间环境的一个重要成分，与室内所需的各种功能密切相关。室内空间通过家具布置，才能体现出室内特定的功能与形式。合理的家具设计可以有效地改善空间质量，突出主题氛围。现代家具种类繁多，从风格和材料等方面考虑，有如下分类（表7-1）。

表7-1 家具的类别

| 分类 | 表现 |
|---|---|
| 风格 | 现代家具、后现代家具、欧式古典家具、美式家具、中式古典家具、新古典家具、新装饰家具、韩式田园家具、地中海家具 |
| 材料 | 实木家具、板式家具、软体家具、藤编家具、竹编家具、金属家具、钢木家具，及其他材料组合，如玻璃、大理石、陶瓷、无机矿物、纤维织物、树脂家具 |
| 功能 | 办公家具、客厅家具、卧室家具、书房家具、儿童家具、餐厅家具、卫浴家具、厨卫家具（设备）和辅助家具 |
| 结构 | 从家具自身结构分，有框式家具、板式家具、充气家具、注塑家具、拆装家具、折叠家具<br>从家具与空间结合结构分，有连壁家具、悬吊家具、组合家具、隔断家具、家具隔墙 |
| 造型效果 | 普通家具、艺术家具、纸艺家具、陈列性家具、雕塑性家具、参数化家具 |
| 产品档次 | 品牌家具、高档家具、中高档家具、中档家具、中低档家具、低档家具 |

## 二、商业空间家具布置原则与方法

研究家具布置原则可以使家具与人的使用和环境空间协调。

### 1. 家具布置基本原则

（1）简化使用流线，方便用户使用，最大程度上为人们的空间操作活动提供便利。

（2）合理占用空间位置，符合空间功能分区和使用要求，与环境协调，丰富空间形态。

（3）考虑行业特点、用户喜好和消费层次。每一个行业对家具摆放都有着习惯性特点，对家具布置密度也有要求。

### 2. 家具布置基本方法

家具布置基本方法见表7-2。

表7-2 家具布置基本方法

| 分类 | 方法 | 家具布置特点 |
|---|---|---|
| 空间表现技巧 | 网格布置 | 紧密型布置，功能性、实用性强，是普通餐厅中的常见布置 |
| | 线式布置 | 沿室内空间的走道、交通流线布置座位和餐桌、沙发等 |
| | 组团布置 | 体现空间聚集特点，有区域性聚集和功能性聚集，环境氛围好 |
| | 单边布置 | 多见于小规模营业空间的柜台布置和座椅布置，或者是展柜布置 |
| | 周边布置 | 多见于小规模营业空间，沿墙围合布置展柜家具，留出中间空间 |
| | 岛式布置 | 多见于小规模营业空间的柜台、展台设置，家具的空间位置突出 |
| | 走道布置 | 沿室内空间的走道、交通流线布置座位和餐桌、沙发等 |
| | 综合布置 | 变化丰富的紧密型布置，功能性与美观性强，多种布置形式结合运用 |
| 以家具与家具关系位置分类 | 对称布置 | 将家具对称布置，一般适用于需要成双成对或者成组使用的家具 |
| | 非对称布置 | 自由、活泼布置家具，适用于空间宽松、室内氛围较轻松、休闲的环境 |
| | 紧凑布置 | 功能性、实用性强，高密度布置家具是普通餐厅中的常见做法 |
| | 分散布置 | 将家具分散布置，一般适用于大空间和开敞空间的多功能多区域布局 |

## 三、商业空间家具设计

商业空间家具设计内容包括依照定制家具设计基本程序和定制家具、现场制作家具、后期采购家具的不同设计特点开展设计。(图7-7~14)

图7-7 刘小康家具作品。平直方正，保留了木材的原本色泽，显得端庄大方。

图7-8 刘小康家具作品。注重空间组合变化、表皮肌理与中国文字结合。

图7-9 刘小康家具作品。用联结的方式，隐喻人和物之间、人与人之间的沟通和交流。

图7-11 朱小杰家具作品。将中国传统元素、西方现代家具概念、非洲大陆生态之地的意象融于一体。

图7-10 刘小康家具作品。椅子与人、椅子与有机环境关系的细节丰富。

图7-12 朱小杰家具作品。渗透了设计师对改善现代人坐卧方式的探索和思考。

图7-13 人体结构与椅子结构奇妙结合的艺术家具设计。

图7-14 Fiat500 "全景"（Panorama）沙发，是将经典小汽车与沙发相拼合的跨界作品。

### 1. 商业空间定制家具设计基本程序

（1）委托家具厂的家具设计师设计，或者由商业空间设计师出设计稿。现在许多高品质专卖店中，家具是由空间设计师直接完成创意设计。

（2）产品构思。包括基于对商业类型和空间特点研究的家具设计定位，对可能采用形式、材质、尺度与场地和使用的研究。应关注创意设计与使用功能并重。

（3）绘制创意图纸。包括基本室内家具布置平面图、家具单体分类、单体家具图纸、家具组合图纸等。应符合图纸规范。

（4）制作样品模型。批量大的椅子、桌子需要制作样品模型。这个阶段应关注材质色彩与空间表皮统一。

### 2. 定制家具、现场制作家具、后期采购家具

除了定制家具外，商业空间家具还包括采购家具、现场制作的特殊尺度家具。采购家具是最经济的做法。现场制作家具包括大尺度异形柜台、固定安装的服务台、展台等，多是由装修木工完成。详见表7-3。

### 表7-3 商业空间家具设计分类比较

| 设计分类 | 名称 | 家具特点 | 设计特点 | 经济性 |
|---|---|---|---|---|
| 采购类 | 桌椅、柜子 | 成品家具选购，系列配套家具 | 要明确家具的"属性"，从形象、色彩、用材、尺度的各种差异中，按不同场合的要求设置不同规格的家具 | ***** |
| | 常规家具 | 其他成品家具选购 | | |
| | 艺术家具 | 独特的艺术家具 | 用于环境调整配景，选择形态、色彩、表皮特异的艺术家具营造空间情景 | ***** |
| 定制类 | 桌椅、柜子、组装家具 | 改变长宽高尺寸和表皮的桌椅、柜子 | 选择形态、尺度、表皮、造价适宜的家具产品，略加改变，批量定制 | **** |
| | 非标准家具 | 改变长宽高尺寸和表皮的非标准家具 | 依据使用功能、环境色调需要及特殊尺寸设计定制家具 | **** |
| | 展柜 | 批量定制酒柜、产品展示柜 | 将室内设计施工图直接交给专业橱柜公司，批量定制 | ** |
| 现场制作类 | 大型家具 | 大餐台、接待台、收银台、服务台 | 属于装修施工范围的大型家具，一般不可移动，形态、材质与空间一致 | ** |
| | 展柜 | 单一尺寸酒柜、产品展示柜 | 属于装修施工范围的展示家具。尺度多样，形态、材质与空间一致 | ** |
| | 特殊构件家具 | 配合空间造型的多功能特殊构件家具 | 符合特殊使用造型需要的定制构件家具，在装修施工中的一体化制作 | * |
| | 隔断固定家具 | 用于空间围合隔断的隔断固定家具 | 属于装修施工范围的展示性构件，尺度多样，形态、材质与空间一致 | * |
| | 墙柜一体家具 | 用于空间围合隔断的墙柜一体家具 | 属于装修施工范围的结构性家具，支撑结构和功能性设计要合理 | * |

商业空间的设施选择和布置包含的内容复杂，受到影响的因素很多，从设施基本功能到与空间环境协调，从舒适程度到使用者的心理要求等均必须充分考虑。在本节中，我们重点讨论商业空间的设施要素、分类、配套设施设计。

## 第三节　商业空间配套设施设计

### 一、商业空间的设施要素

商业空间的设施要素包括基本设备设施要素和配套设施要素两类。基本设备设施要素包括：生产操作设施、设备设施要素和安保管理设施要素，如建筑楼梯、水电暖通、弱电、基本照明、卫生间、安全设施、停车场等；配套设施要素，如重点照明与艺术照明设施、家具设施、导向信息设施、多媒体设施、接待设施、无障碍设施、试衣室等。（表7-4）

设施要素是空间场景的支撑服务重要功能性设置，在营业空间中，顾客一般不会注意这些地方。水电暖通、弱电设施等在装修工程设计中被称为"隐蔽工程"。如果安排不当，设计遗漏会直接影响空间质量和空间使用效果。随着设计观念改变，以往的"隐蔽工程"有些已经呈裸态、直接地出现在营业区中，如暖通管线暴露，构成空间形态和风格要素。

表7-4　商业空间基本设备设施要素

| 分类 | 名称 | 设施要素作用 | 设计特点 | 经济性 |
|---|---|---|---|---|
| 生产操作 | 后厨设施 | 必备的操作生产区设施，专业设计 | 需要专业规划 | * |
| | 备餐间 | 必备的操作生产区设施，专业设计 | 需要专业规划 | * |
| | 货物通道 | 仓储卸货、前店后坊的联系通道 | 需要专业规划 | * |
| | 更衣室 | 必备的操作生产区配套服务设施 | 需要统一规划 | * |
| 定制类 | 暖通设施 | 必备的空间功能设施，直接影响营业活动，需要专业设计与空间设计密切协调，精细安排 | 影响营业空间的顶面和局部立面空间 | ***** |
| | 给排水 | 必备的空间功能设施，直接影响营业活动 | 不占用空间 | * |
| | 强电弱电 | 强电，照明、暖通设施用电；弱电，高效率的信息处理、个性化的设置、完整的调配系统 | 占用空间，直接影响到营业活动 | * |
| | 消防设施 | 按照消防安全设置，符合消防规范 | 必须留出消防通道 | ** |
| | 楼梯设施 | 楼层楼梯、夹层楼梯、景观楼梯，以及台阶、坡道、栏杆，功能性强，对空间安全、美观和品质影响较大，要符合建筑和室内规范设置 | 空间占位大，尺度、形态、装修、安全对室内空间影响较大 | ***** |
| | 停车设施 | 地下车库、广场停车、门前停车，解决不好会直接损害商业利益，降低商业吸引力 | 不影响室内空间布局和使用 | ***** |
| 安保管理 | 安保监控 | 具有监督营业区和后场的顾客、员工出入、存包等安全警备功能，监督管理各种内部机械设备和大楼物业等功能 | 小空间隐蔽布置，不影响营业空间布局和使用 | * |
| | 管理设施 | 电话、播音系统、交换机和对讲机在各类酒店电话系统中广泛使用，这些系统的复杂程度各不相同，而且日趋精密 | 小空间隐蔽布置，不影响营业空间布局和使用 | * |

## 二、商业空间配套设施分类

配套设施对基本设施要素的完善和补充，是提高商业空间购物环境品质的重要配套设施，直接影响营业质量和顾客购物体验。见表7-5。

**表7-5 商业空间配套设施分类**

| 分类 | 名称 | 设施要素作用 | 设计特点 | 经济性 |
|---|---|---|---|---|
| 营销服务设施定制类 | 导向设施 | 导向指示牌、信息提示牌、灯箱、可移动的临时指示牌，直接影响营销效果和空间使用 | 不占用或者很少占用地面空间 | ***** |
| | 多媒体 | 电视机、投影机、LED播放显示器，直接影响营销效果，可增强空间的丰富性和动感 | 不占用或者很少占用地面空间 | ***** |
| | 试衣室 | 直接影响营销效果和空间使用，是服饰店的必要营销服务设施 | 占用营业空间的必要设置 | ***** |
| | 家具设施 | 功能性柜台家具、展台家具和陈列家具 | 直接影响空间使用 | ***** |
| | 休息等待 | 具有接待、等待服务作用和临时歇息功能，如餐厅休息等待区设置，可直接扩大营业份额 | 占用营业空间的必要设置 | *** |
| | 背景音乐 | 播音系统对环境气氛的烘托促进的作用 | 不占用空间 | * |
| 综合服务设施 | 照明设施 | 基本照明灯具、特殊照明设施、环境光环境照明设施 | 直接影响空间使用 | ***** |
| | 卫生设施 | 卫生间直接影响营业活动，是餐厅酒吧的必要设施，还有垃圾箱的隐蔽配备 | 功能空间、面子空间，装修质量要好 | **** |
| | 遮阳设施 | 门店的外立面配套设施，影响店面形态，营业空间室内的软装配套设施 | 不占用地面空间，影响空间效果和质量 | ** |
| | 无障碍设施 | 综合配套设施和人性化设施，坡道设置、卫生间安全设施和电梯设施 | 中大商业环境必须规划安置 | * |

## 三、商业空间配套设施设计

商业空间配套设施系统庞杂，本小节选取对营业空间影响较大的营销服务设施、楼梯设施、卫生设施等方面进行阐述。（图7-15~19）

（1）营销服务设施设计

营销服务设施包括导向系统、灯箱招贴、试衣间、接待等待等。

导向系统设计的要点有两个。一是要系统项目完善，在不同空间节点设置门面、营业厅、辅助空间、交通、消防；设置清楚不同的层次，像主标识看板、次级看板、细部文字看板等。二是要做系统平面设计，包括标识色彩、图案、字体、版式设计。

灯箱招贴。属性设置要对应营销策略的内容选择、图形和信息表现；空间节点设置包括门面、大厅、路径、辅助空间的大小尺度和展示形态与手法设计；系统规划和内容编排时，有主题、情节、主线、层次、起伏的不同。

试衣间。试衣间与营业区展示区捆绑设置，门面材质与空间协调。内部空间方便活动,便于营业员的监督、观察视线。流线和位置相对隐蔽。

接待等待。此处与营业区展示区同品质装修捆绑设置,属于室内共享和专属服务区。流线安排要避免干扰主营业区形象和交通通道、消防通道。

(2)楼梯设施设计:楼梯。符合建筑和室内设施安全规范,为重点针对楼梯的景观化设计。对楼梯的位置设置、流线梳理、楼梯结构、扶手、材质表皮做到精细化对待。做好楼梯设计,可以达到花钱少、功效高的效果,将功能设施转换为景观亮点和空间风格标志。

坡道。坡道倾斜度设置和防护应符合建筑和室内设施安全规范。重点针对坡道的区域空间转换作用,丰富空间层次和形态效果的景观化设计。

栏杆。符合建筑和室内设施安全规范。栏杆结构和形态是室内空间设计重点之一,是室内景观要素。栏杆结构和形态的专门设计,为了避免雷同化,最好不要使用采购构件,不要简单化对待。

(3)卫生设施设计:卫生间和化妆间。卫生设施不要忽视。卫生设备质量要好,装修材质和做工考究,功能性设施要精致整体,卫生间照明设计要有特色。

(4)暖通设施改造设计:暖通风口。风口设置合理,符合功用。隐蔽设置:风口影响顶面层高、龙骨结构和吊顶造型,要精细安排,协调二者关系;暴露设置:调整管线走向,聚集管线,规整排布。发挥管线桥架的空间形态变化作用。

图7-15 "Nemours Children's Hospital" 美国奥兰多,设计:Stanley Beaman & Sears。儿童医院炫彩的陈列设施设计。

图7-16 多功能可伸缩可调整的休息区设施设计,几何形状加上具有现代形式的包裹,有一种特别的美感。

图7-17 顾客的视觉路线随着地面材质变化延伸，很自然地形成了一道流线，继而走向划定出来的空间。

图7-18 结合版式构成的展示设施设计，电梯间色彩引导设计。

图7-19 将图片与立体景箱组合一体的展示和隔断设施设计。

## 案例：Schwäbisch Hall展示设计，德国（图7-20）

设计：Dan Pearlman

图7-20 基于自然主义和生态理念的家具空间展示设计，以对建筑空间最少干预的策略，采用连体隔断设计，有效地区分交通空间和组团功能区域。木结构隔板柜和金属挂件可拼装和重复使用。

其他案例见二维码

## 第七章　单元习题和作业

### 1. 理论思考

（1）什么叫人机工学？

（2）请举例简述家具分类特点。

（3）请举例简述商业空间配套设施分类。

（4）请举例简述商业空间家具布置原则与方法。

### 2. 操作课题

（1）选择一个餐厅，对门面和营业空间多角度拍照。通过对所拍摄资料的归类和分析，总结餐厅空间人机工学特点。

（2）对一个餐厅的餐桌、柜台拍照。勾画线描，对餐厅的设施、材质、装饰细节做分类和总结。

### 3. 相关知识链接

（1）请课后阅读《家具设计》第三版，唐开军、行焱编著，中国轻工业出版社，2022年6月。

（2）请课后阅读《设计中的人机工程学》，苟锐编著，机械工业出版社，2020年4月。

· **课前准备**

请每位同学准备 A4 白纸 2 张，规定时间 10 分钟，默写自己所熟悉的装置艺术，10 分钟后，检查同学们的作业，看谁默写的种类多、规划准确，并给出点评。

· **要求与目标**

要求：了解商业空间装置概念、装置艺术应用的若干技巧、结构设计等内容。

目标：培养学生的专业操作能力，重点了解装置艺术规律、应用技巧。了解商业空间多样化特点，并加以灵活运用。

· **本章要点**

①空间装置概念

②空间装置艺术应用

③可移动装置艺术

· **本章引言**

商业空间中装置艺术的表现力受到了设计师越来越多的重视，装置包含了多元化空间结构、心理效应和情感特征。在本章中，我们重点讨论装置类型化、多元化的商业空间中装置的艺术作用。

装置艺术的兴起与发展，不同于其他艺术形式，但它的出现并非偶然。随着社会和科学技术的发展、工业技术的进步，装置艺术的发展在此基础上被越来越多的艺术家推动。在本节中，我们重点讨论空间装置概念和商业空间装置特征。

## 第一节　空间装置

### 一、空间装置概念

装置艺术作为当代艺术中的分支，被广义地定义为可以进入的、带有体验性质的一种艺术。"装置"一词其实带有"置入"的意思，被极少主义风格设计师所青睐。他们关注如何在空间中将作品展出，继而模糊了"置入"这个词对于艺术作品的动作指向，并逐渐用"装置艺术"这样的名词替代。此外，装置艺术还强调观众与装置在空间中的关系，实际上也代表着观众能够进入作品，并对此产生回应。这也是装置艺术能够区别于其他艺术媒介的重要特点之一。装置艺术在其自身发展中，还在不同时段、不同程度地影响了包括建筑、电影、行为艺术、雕塑等其他艺术分支，与它们平行展开。这同样也使得装置艺术的自我发展变得更加不确定，它带有建筑式的框架结构、剧院式的场景效果、雕塑式的空间占有等。但无论如何，装置艺术不断发展的原因都在"装置"中展开。

室内与室外对于空间而言，是一种多重的界定，它们提供了一种重新审视空间在当代艺术中表达的方法。首先，室内与室外之间，讨论的重点是空间，如何让空间显形是对空间介质的初探。另外，室内与室外更是一种模糊空间边界的表达，在此边界中找到空间的含义。最后，室内与室外还指向一种私人与公共的关系，是表达精神空间的一种形式。

所以面对装置空间，它提供了理解当代艺术的不同角度。例如美国概念艺术家索尔·勒维特（Sol Lewitt）有一系列雕塑，在旁人眼里也许只是空间中摆放着的物体；但勒维特认为概念艺术作品比起形式，最重要的是呈现想法，所以他的雕塑中有一批以"格子"为主题的结构值得思考。罗赛琳·克劳斯（Rosalind Krauss）曾说，对于当代艺术，"格子"拥有两重功能：空间上的和时间上的。空间上拥有平面、几何、秩序的；将真实物体扁平化，取而代之的是延伸出的单一平面。而时间上，立体主义、风格派、蒙德里安这些一直存在于当代艺术中的"格子"，早已贯穿时空。

## 二、装置艺术分类与特征

商业空间装置是一种丰富的设计要素，有自身的词汇、组织结构、类型特征。在长期的商业空间使用中，它渐渐形成了类型化、符号化、视觉中心的表皮特征。详见表8-1。（图8-1~3）

### 表8-1 常用商业空间装置分类

| 序号 | 关键词 | 影响度 | 表现特征 |
|---|---|---|---|
| 1 | 中心架构 | ★★★★★ | 设置在主要购物空间节点中，引起顾客对某些物品的特殊兴趣，并形成商业空间中心 |
| 2 | 场景架构 | ★★★★★ | 居于空间和画面中心，一般说来，沿墙壁环绕布置的家具处于"背景"地位，处于场景中心区的构筑物件容易成为空间中心 |
| 3 | 视频画面 | ★★★★★ | 声光电俱全的大屏幕和电视画面，是装置设置的重要平台 |
| 4 | 特异形象 | ★★★ | 这些特异形象异于该环境中其他形象，使人一下子捕捉到空间中的特异部分 |
| 5 | 被包围 | ★★★ | 有些空间中物件的外围设施构筑物与围合家具，使得中心部位的产品成为空间视觉中心 |
| 6 | 形态较大 | ★★★ | 差不多大小的物件会成为环境"背景"，而个别突兀的大图形和体量家具容易成为装置艺术 |
| 7 | 色感强烈 | ★★★ | 构筑物色彩鲜亮且面积大的、素色中的点缀色、全黑色全灰色中的红绿点、橘色区域都会成为装置艺术 |
| 8 | 材质特别 | ★★ | 在同质化的空间表皮材质中，局部异质材质易成为视觉中心 |
| 9 | 动态形象 | ★★ | 动态形象易成为视觉中心，动物雕塑、水景等会首先映入眼帘 |
| 10 | 图案熟悉 | ★ | 熟悉的图案和标志，以及在环境中不断重复出现的图案、图形标识会成为装置艺术 |
| 11 | 可移动 | ★★★ | 可移动装置艺术提倡变化性和流动性，用"行走城市""插接城市"来解决城市问题的构想 |
| 12 | 悬吊物件 | ★★★ | 商业空间中的交通空间，如自动扶梯等处的悬吊物、挂件 |
| 13 | 模块化 | ★★★ | 模块是可组成系统的、具有某种特定功能和接口结构的通用独立单元，"模块化"是指把复杂的问题分解成相对独立的几个部分分别解决 |

图8-1 装置艺术材料肌理丰富，风格硬朗，为空间塑造和装饰提供多样选择。

图8-2 悬吊装置、可移动装置艺术：结合视觉中心设置的独立设计和悬挂结构。

图8-3 空间类型装置艺术：家具设施、壁顶装饰结构、隔断设置，展示空间效果。

### 三、多样化装置创新

  装置艺术伴随着当代艺术的迅猛发展，其前卫性、实验性、观念性，甚至是荒谬性都愈发凸显，且逐渐代替了百年来在艺术领域中占据主导地位的架上艺术，成为越来越多的艺术家们创作的主要手段。在现代设计中，无论是建筑师，还是艺术家、设计师等，跨界成为一种设计潮流与风向。前有理查德·迈耶（Richard Meier）和矶崎新为意大利本土奢侈品牌设计的戒指，后有雷姆·库哈斯（荷兰语：Rem Koolhaas）设计的高跟鞋，弗兰克·盖里（Frank Owen Gehry）为LV设计的解构主义包。越来越多的建筑师将自己的设计转向小型的设计单品，装置艺术呈现多样化的特征。表现如下。

  1. 创意来源多样化。装置艺术不受艺术门类的限制，它自由地综合使用绘画、雕塑、建筑、音乐、戏剧、诗歌、散文、电影、电视、录音、录像、摄影等任何能够使用的手段。可以说，装置艺术是一种开放的艺术手段。传统装置艺术家们多是画家出身，而当代装置艺术家有不同的专业背景，他们可能是设计师、工程师、建筑师等，他们对装置艺术的理解也有许多不同，创意来源多样化，作品多样化。

2. 家具化装置艺术。涉及室内家具设施，如隔断和圈座设施等。室内空间通过将家具布置与组合变形，尺度改变，生成家具装置艺术作品。家具装置艺术设计可以有效地改善空间质量，突出主题氛围。在诸如餐厅空间中，具有接待、等待服务作用和临时歇息功能的餐厅休息等待区、用餐区设置相对私密的不同围合空间，可以是"半屋"结构的圈座卡座，生成变化丰富、富有空间趣味且形式多变的屋中屋等，真正成为人们可观可游、可坐可卧的生活环境。（图8-4）

3. 功能设施装置化。如室内交通设施、楼梯。楼梯是设计重点，针对楼梯的景观化处理有：对楼梯的位置设置、流线梳理、楼梯结构、扶手的尺度变化和结构改造的"外壳"塑形，立面闭合、顶部连接，生成功能性装置艺术，丰富空间形态，成为空间视觉中心。（图8-5）

图8-4 变化家具尺度和比例关系、排列组合、疏密调整、偏角搭建，生成新的家具装置艺术品。

图8-5 纽约La Maison Unique店楼梯空间参数化曲面设计生成功能性装置艺术。

4. 微建筑装置艺术。由环境设计师和建筑师所创作的微建筑作品具备构成建筑的所有要素：功能、技术与形象。微型化的策略的优势是显而易见的，它体量微小，耗材较少，成本较低廉，灵活轻便。不同于大体量建筑的"宏大叙事"，它是一种新型的装置艺术品。（图8-6）

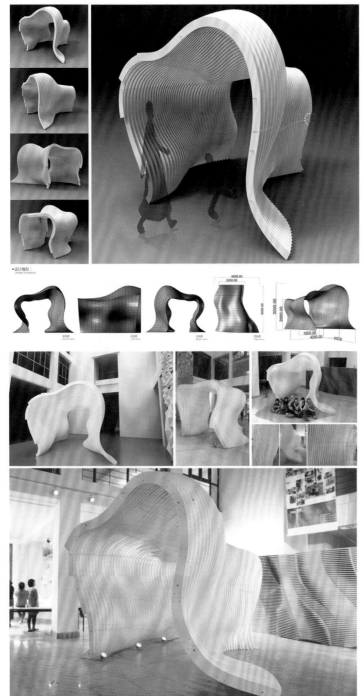

商业空间设计与实践

图8-6 微建筑装置艺术。将PVC板材的规格以模数的关系设计，使得规格材料可以任意组合成所需的装置结构等不同尺度的结构件，实现快速装配式的搭建方法现场装配。设计：武雪缘、杜江慢、尤一枫、庞婷婷、席静文、许柏力楠，指导教师：詹和平、徐炯、卫东风。

5. 展示设施装置化。指室内展示设施,如视觉中心装饰、空间展示设施等。通过对重点空间界面和结合部、展示设施的塑形,包括建构独立的关联结构、设施连体结构和顶部结构,生成装置艺术。(图8-7)

6. 装置设计小品化。凸显"平民化"特征,走进百姓日常生活,展示了装置艺术多元表达的可能。常见的日用品、箱包行李、灯具挂饰、书架摆件、节日饰品,均可成为小品装置艺术。这实际上也具有艺术普及的意味,它告诉民众,艺术不仅仅存在于美术馆、博物馆、画廊等各种艺术机构中,它也可以进入生活。

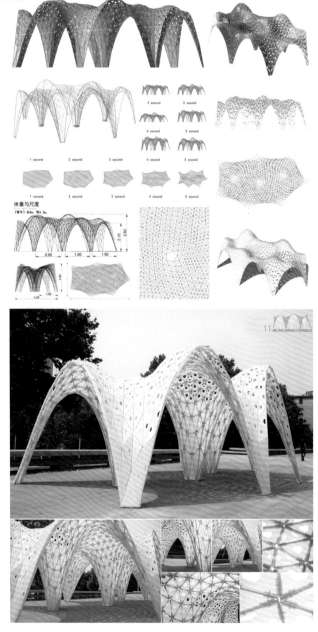

图8-7 展示设施装置艺术

"重生——参数化展亭设计"。用"袋鼠重力"原理进行设计研究与实践运用,作品通过随机生成、网格细分、重力模拟曲面生成、表皮渐变开孔等方法,最终生成一个花朵般的有机形态。设计:刘洪锁、孔祥天娇、顾晓慧、杨帅、易峰、赵培淑、赵亚楠、史玙、张楚泠、戴钰、祝羚。指导教师:詹和平、徐炯。

装置艺术首先是一个能使观众置身其中的三度空间"环境"，这种"环境"包括室内和室外，是艺术家根据特定展览空间专门设计和创作的艺术整体。装置艺术是可变的艺术。设计师既可以依据环境需要改变组合，也可增减或重新组合。在本节中，我们重点讨论装置的基本应用及在商业空间设计中的作用。

## 第二节　装置应用

### 一、装置的效应

在当代艺术中，商业建筑与装置之间产生了最紧密和深刻的联系。由于装置艺术的行动主体，即安装，既是一个事件，也是一个过程，因此艺术家必须首先选择或创造一个对象来实现安装过程。而这个对象，也不一定是单一特定的某一个物体，它可以是一批或一系列抽象的东西，比如温度、声音、颜色等，使之成为作品本身的材料和媒介。这种安装的过程，也是对装置形态在空间和现象中探寻的过程，装置有了"存在"的意义。

无论是过去的艺术还是当代艺术，每一件艺术作品，比如雕塑、摄影、绘画、电影等，都包含着一个三维空间，代表着创作者对三维空间的认识和解读。自古以来，装置艺术本身就包含了一种艺术家对建筑空间的利用。在三维艺术的设计作品里，艺术家必须思考的是空间概念和空间的利用，越来越多的设计师并不局限于建筑或者装置某一方面，而是跨界从事了很多不同方向的设计。

如果从宏观概念的视角解读建筑与装置之间的关系，简单地说，单纯地看待建筑与装置，确实是相互独立的，但如果进一步从明确的具体的要素、空间、材料乃至结构等讨论装置与建筑之间的关系，它们又具有可讨论的相通特性，比如空间性、可介入性、临时性等，以及具体制作安装过程中遇到的问题等。

### 二、装置在空间设计中的作用

装置与商业空间都同样注重人在空间内的体验与感知，甚至是交互。"建筑是身体的外化，而非先验的欧氏几何形体"，这种建筑观从20世纪60年代开始出现，后来影响越来越大。不管是以怎样的形式呈现装置设计，设计的出发点都是来自对空间的感知与体验，以及对材料和结构的多层次思考。这个时候，装置中人的介入性就与人介入建筑空间一般，很难纯粹地辨别它是独立的装置艺术作品还是建筑设计作品。

装置和商业建筑都有空间方面的考虑，由于其物质性，必须考虑到结构问题，因此从结构的角度来看，装置和建筑之间的界限变得模糊。理查德·塞拉（Richard Serras）极简主义金属雕塑因为空间属性和人类的可介入性，也经常被认为是装置艺术。

商业建筑并不是单纯地建造一座满足适用经营功能的房子，建筑师们在设计和建造过程中不仅仅要考虑建筑空间、材料、结构等，而且要考虑人在空间的参与性以及对空间介入的体验感，这都使得装置与商业空间之间存在着必然的共通性，有着紧密的联系。（图8-8~11）

图8-8 商店设计，曼谷，建筑师：RoomConcept。餐厅用品店的装置艺术设施，在满足基本使用功能的特殊造型基础上改造设计。

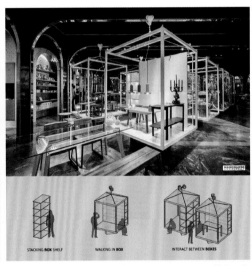

图8-9 展示设施装置化设计，集趣味展示、空间装饰、商品陈设于一体的悬吊式展柜。

图8-10 交错、强烈的线条感设计，而构成这一整体线条感的因素是一个个小单元的组合、拼贴与穿插。

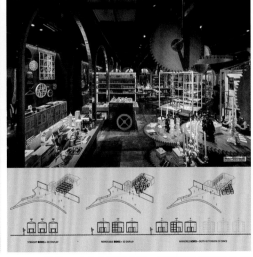

图8-11 轮轴、齿轮的展示家具、管线和悬浮架构设置凸显出一个大机器时代。

### 三、空间装置变形生成

装置的生成关联要素不外乎造型、空间、技术等三个部分系统设计。装置设计中，诸如重叠、形变、碎裂、倾斜、扭曲、拉伸等一系列手法常常被应用，创造一种动态感的形式。

1. 重叠法。装置作品中，重叠形式具有视知觉的补足能力，隐藏的形式又趋向于使自身回归到一个完整的形态。重叠往往加强了图像中各种形式组合之间的关系，在形式重叠的情况下，被覆盖的部分往往采取想要从重叠的形式中分离出来的姿态，因此，从重叠中分离出来的趋势也会产生一种形态上的张力，从而产生动态的视觉感受。

2. 形变法。形变是装置形体创作中的一种常用的设计手法。装置形体的变化主要是对形态中基本的线、面、体进行旋转、拉伸、弯折和扭曲等各种操作，从而改变形体的态势，产生一种动态，形成具有动态趋势的装置形态。在变形的过程中，原有的形态会逐渐扩张或者分散，会从有序向无序过渡，也可能是从主观或机械的操作转变为无意识或有情感的创作。

3. 碎裂法。体量碎裂指的是通过建筑形体的碰撞和分解实现的视觉冲击和空间碎片化。通过碎片化的使用，一个连贯的、统一的、简单的建筑被分解成不规则的部分，然后重新构造，使其相互对抗和扭曲，从而创造出一种沉浸式的视觉体验和丰富的空间体验。

4. 倾斜法。如果说倾斜是一个图形静态位置的变化，那么倾斜变形就是一个物体偏离其形状的变化。由于人类视觉的惯性，这种偏差也会引起动态感知，这就是物体从静止状态恢复到正常状态过程的变化。

5. 旋转扭曲。旋转与扭曲都采取了一种转动的方式，能够让一件物体在作用力的情况下向反方向转动，在这个过程中，每个方向的平面通过旋转一定的角度会造成立面上的变化，最终形成不同形式的变化。

6. 挤压拉伸。挤压与拉伸是最常见的形体变化手法之一。当事物部分受到特定的拉力或压力时，形体界面不可避免地会发生向外或向内的变形，这种变形也直观地反映了压力或应力的动态特性。（图8-12~13）

图8-12 基于杆件，以一个点和多点的发散、旋转、编织，组织生成顶面材质表皮和灯光装置艺术互动。

商业空间设计与实践

图8-13 通过对形态中基本的线、面、体进行旋转、拉伸、弯折和扭曲等各种操作，从而改变形体的态势，产生一种动态，形成具有动态趋势的灯具装置。

移动的生活方式具有悠久历史，可移动装置早已出现。伴随着工业化的进程，人类展现出前所未有的移动性，新型的可移动装置也随之诞生。在本节中，我们重点讨论装置的移动性、结构设计、商业空间移动装置应用策略。

## 第三节　可移动装置艺术

### 一、可移动装置概念

（1）"移动"与"静止"。各种外力的驱使会让事物发生从"静止"到"移动"状态的改变，但从本质上讲，外力只是改变了它们"运动"的状态。

（2）"移动"与"运动"：运动具有五种基本形式。1.机械运动，指的是物体的位置变动，是最简单和最基本的运动形式。2.物理运动，指分子、电子和其他基本粒子的运动。3.化学运动，指元素的化合与分解运动。4.生物运动，是生命的新陈代谢过程。5.社会运动。

（3）移动的类型。移动方式决定移动的类型，其呈现的外在形式繁多。依据移动的方式，并结合人的感知和经验的角度，移动可分为两大类：显性的移动和隐性的移动。显性的移动主要包括轮移、漂游、飞行、行走等，隐性的移动主要包括轻量、变形、拆装等。其中，"变形"是指在外力作用下物质的各部分相对位置发生变化，"可变形"移动是一种通过变形达到移动目的的隐性移动类型。通过变形，将需要移动的事物从不可移动的形态转变成便于移动的形态，这种整体外形的改变是可变形移动的特征。人们在变形前可能无法察觉其可以移动，变形后可以移动的特征得以显现。（图8-14）

图8-14　"细胞装置"创意作品。作品提取细胞概念形态元素，参考细胞结构设定相应的生成逻辑，生成装置形态。作者在草模基础上，完成模块化结构设计，最终完成一个可分拆可轮移的趣味装置艺术空间。设计：任超凡、刘晨、赵健、高秀、童琳珺、董颖、杨淮玲、蔡晓雪、滕晓芹，指导教师：卫东风。

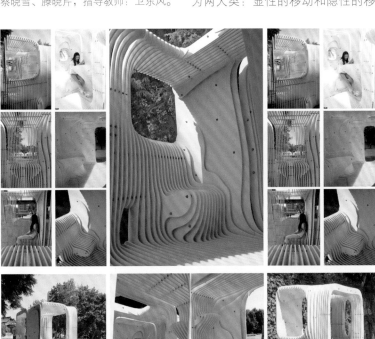

## 二、可移动装置策略

1. 轻量化策略。"轻量化"源自汽车工业领域，指通过减轻重量来让汽车达到更好的操控性、加速性和燃油经济性，其重要的途径包括结构的优化和材料的革新。可移动建筑的"轻量化移动策略"主要包括建筑体量的微型化和建筑材料与结构轻量化。

(1)体量的微型化：减少装置体量可以有效降低装置重量，达到让装置更便于移动的目的，许多可移动装置在满足功能需求的情况下，都尽可能减少装置体量。微型化策略也会因为空间较小造成功能单一等明显缺点，这一点可以通过多个装置组合等方法解决。（图8-15）

(2)材料与结构轻量化：材料和结构是装置重量的主要来源，材料和结构的轻量化是装置轻量化的主要途径。当今新型材料和结构为当代移动装置设计师提供了更多选择。在当代可移动装置中，使用材料多为合金、环氧树脂、发泡材料和纸等新型轻质材料。（图8-16）

2. 拆装移动策略。想要移动大体量或大质量的物体，先把它拆解成易于运输的状态，然后在目的地重新组装，这是一种有效的移动策略。

3. 形变移动策略。"形变"指的是固体受到外力的作用时所发生的形状或体积的改变。而可移动建筑的"形变移动策略"是指可移动建筑因外力产生形变，从而转换成可移动的状态，达到移动的目的策略。主要方法有：柔软性装置、弹性形变。具有弹性的半透明气泡可以适应不同的场地，与周围的事物挤压、碰撞，而高强度的材料不用担心被刺破。

图8-15 由艺术家设计制作的纸膜结构古建筑艺术装置，充分考虑了装置艺术材料与结构轻量化。

图8-16 可采用悬挂方式置于商场的公共空间，方便移动和组合安装，调节商业空间视觉艺术氛围。

### 三、可移动装置设计

1. 轮轴式可移动装置。需考虑轮轴与装置空间的衔接。其中包括轮轴的安装、传动结构的位置等。如果可移动装置是依靠自身动力移动的，还必须考虑到容纳动力源的机械舱，这一部分的空间必须事先预留。轮轴式可移动装置的轮和装置是相对独立的两个元素，所以装置结构形态相对自由。（图8-17）

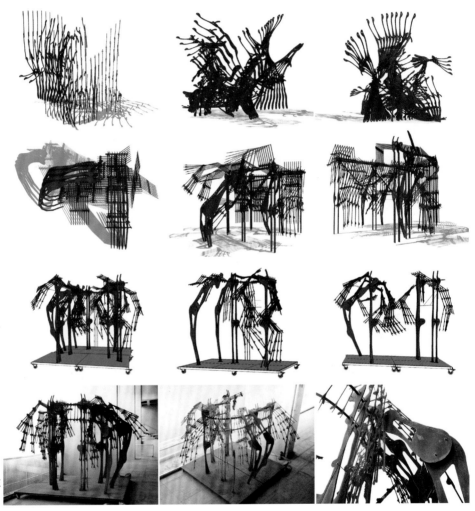

图8-17 轮轴式可移动装置。作品根据人在跳舞时的动作及其舞动的轨迹组成微建筑形态，建筑节点和建筑元素都是由人体关节、骨头等变形生成，关节式的小构件用螺栓连接，形成可随意折叠移动的小个体，最终组成一个机械式微建筑。设计：李烨敏、武栓栓、巩春晓、韦菲、朱梦瑜、韩娱婷，指导教师：卫东风。

2. 轻量小型化可移动装置。它通过减轻装置的体积和重量达到更快捷、高效移动的目的，常使用小尺寸的装置体量和轻质料。它在材料上采用密度较小的合金材料、高分子复合材料、竹、木等材料代替砖石、玻璃、钢、混凝土等密度较大的建筑材料；也可以通过形态、加工和材料搭接方式等方面的革新来达到轻量化目的，例如采用具有较强稳定性的几何形体、一体化成形、榫卯插接、打孔等工艺减少结构部件的数量，降低装置整体重量。

3. 模块化可移动装置。通过结构的优化，可以进一步降低装置体量，减少零部件的数量，来达到模块化组合目的。通常将较大的装置按照形态或者功能，分割成多个小体量的单元模块，模块之间可以重新组合装配，例如表皮、骨架、管线和内部设施。模块或零件之间需要设计有相应的插接口，并保证拆解组合后建筑空间功能的完整性。（图8-18）

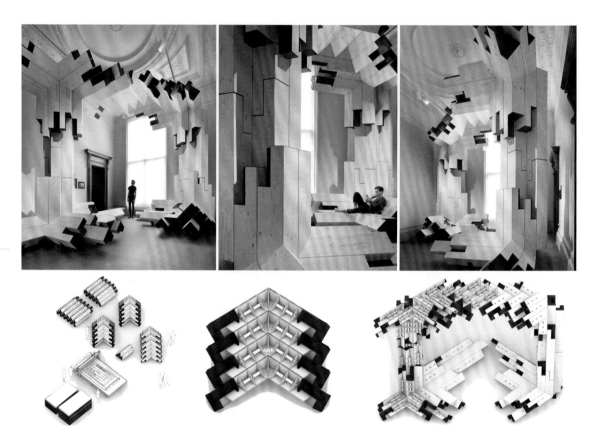

4. 气囊式可移动装置。常见的是采用类似气球的充气原理的充气结构。装置由支撑结构和可充气膜结构组成。所谓充气结构，是向具有弹性的膜材构成的囊中不断注入气体，使其内部气压加大并膨胀，通过压力的互相作用形成一种可以承受荷载结构。在不使用的时候，气囊通过安置在结构中的解压阀排出气体，气囊萎缩后可以收纳起来。它具有弹性的半透明气囊，可以适应不同的商业环境。（图8-19）

5. 折叠式可移动装置。它通过折叠使装置自身外形发生改变，成为方便移动的形态，从而达到可移动的目的。这在生物界中比较常见，例如甲虫在不飞行的时候把柔软的翅膀收纳在坚硬的壳内，当需要飞行的

图8-18 模块化可移动装置。英国Real Virtuality装置，利用微软全息透镜（Microsoft's Hololens）实时组装模块，像乐高一样的模块连接。由于体块是模块化的，并且不是固定不变的，因此可以实时对设计进行调整。

时候，外壳会打开，伸出翅膀，因此甲虫飞行和不飞行时具有不同的形态。人们常采用折叠、伸缩、旋转等来让装置在移动和静止之间变形。此类可移动装置通常由几个可变部分组成，各部分之间常通过铰链、支撑杆、滑轨等连接。（图8-20）

图8-19 气囊式可移动装置。装置由支撑结构和可充气膜结构组成，使用透明、半透明膜、不透明材料生成不同的情境装置艺术作品。

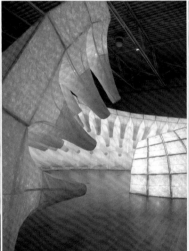
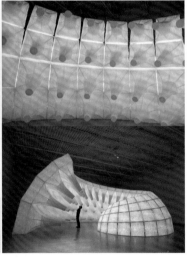

图8-20 折叠式可移动装置"电容器"。装置随着室内光线的变化开合，控制器驱动齿轮传动装置，通过画廊天花板周围排列的滑轮拉动和释放连接在雕塑顶部的缆线，当风速和空气温度的信息传递给装置时，温度变化会使其灯变暗或变亮，收缩或扩张整个装置形式，像一朵盛开的花朵一样开合，看起来它就像在缓慢地呼吸。美国John Grade作品。

其他案例见二维码

**作业案例1：裂解的形体**

设计：杜春海、阮迪莎、李路路、王勋、王成浩、陈实、李旭、宋艳岚、

刘旭琦，指导教师：徐旻培、邬烈炎。（图8-21）

图8-21 折叠式可移动装置材料：钢管、钢板、阳光板，通过设置简单机械运动的构架，利用钢板角度的变化与风力影响，达成阳光板小拼块的自由起伏。

**作业案例2：有机体**

设计：孔令晨、杨玉倩、孔德奎、卢旺、李建军、徐朴、杨悦、周佩诗、张秋萍，指导教师：詹和平、徐炯。（图8-22）

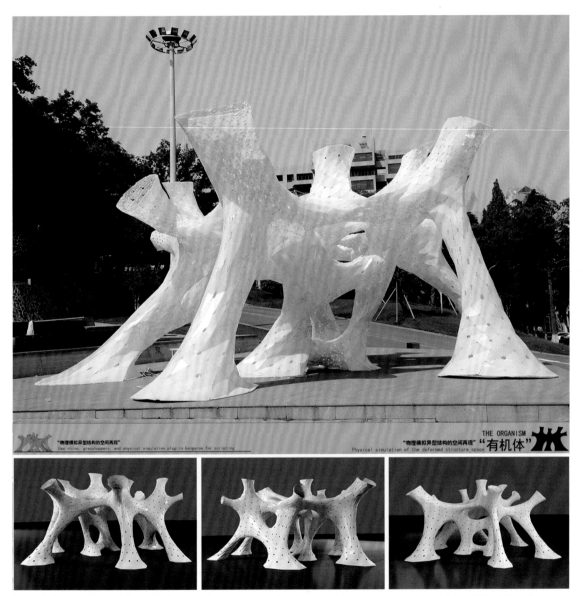

图8-22 异形展亭装置艺术。作品总高近5米，占地面积近100平方米，由异形钢筋骨架结构和乳白色阳光板表皮构成。

## 第八章　单元习题和作业

### 1. 理论思考

（1）空间装置的基本概念。

（2）请举例简述常见的装置艺术特征。

（3）请举例简述商业空间装置应用的主要方法。

（4）请举例简述可移动装置艺术的主要类型。

### 2. 操作课题

（1）完成一个适用于大型购物中心环境的悬挂装置设计，满足色彩、轻质、悬挂使用要求。

（2）尝试完成一个轮轴式可折叠变化装置设计，小体量，有趣，可收纳结构。

### 3. 相关知识链接

（1）请课后翻阅《互动装置艺术》，艺力国际主编，华中科技大学出版社，2020年1月。

（2）请课后翻阅《公共装置艺术设计》，金彦秀、严赫镕、金百洋主编，东华大学出版社，2017年1月。

商业空间设计与实践

9

**·课前准备**

　　请每位同学准备 A4 白纸 2 张，规定时间 10 分钟，默写自己所熟悉的室内生态设计案例，10 分钟后，检查同学们的作业，看谁默写的种类多，概念准确，并给出点评。

**·要求与目标**

　　要求：了解生态设计原则与方法，了解材料、装修、节能等生态设计内容，了解生态设计操作的可能性与实施范围。

　　目标：培养学生的生态设计意识和公共责任感。关注环境问题，拓展可持续发展的生存空间，使设计走向新的综合。

**·本章要点**

　　①生态设计概念

　　②绿色建材和装修、节能措施

　　③商业空间生态设计探索

**·本章引言**

　　生态设计是人们如何在设计领域解决生态问题的思维方法和实施过程，生态设计师的责任就是帮助人类解决生态问题，使人、设计、自然、环境以及人类的生活同地球和谐相处。在本章中，我们重点讨论生态设计理念与特征，生态材料及装修、节能要求和商业空间生态设计探索。

生态设计是一个体系与系统，不是一个单一的结构与孤立的艺术现象。生态设计与生态学、生态美学、生态技术学等彼此交融，正是多学科的嫁接与交叉使这一设计思想具备了极大的开放性和包容性。在本节中，我们重点讨论生态设计理念、原则、方法。

## 第一节　生态设计概念

### 一、生态设计理念

生态设计，也称绿色设计、生命周期设计或环境设计，是指将环境因素纳入设计之中，从而帮助确定设计的决策方向。生态设计要求在产品开发的所有阶段均考虑环境因素，从产品的整个生命周期减少对环境的影响，最终引导产生一个更具有可持续性的生产和消费系统。（图9-1~4）生态设计理念体现在：

1. 整体设计的系统观，对设计的整体考虑，对设计系统中能量与材料的慎重使用。

2. 多元共生的设计共生观，与自然、环境共生，设计产品应该符合生态规律，有益于环境的健康发展。

3. 倡导可持续发展的设计观，注重经济发展，合理利用资源，保护自然和人文环境，考虑发展的长远性、质量和伦理。

4. 地域主义的设计观，复兴传统，发展传统，扩展传统设计和对传统设计的重新阐发。

5. 关注伦理的设计观，为广大人民服务，认真考虑地球的有限资源使用问题，注重生态高技术的设计观，反对技术至上，主张采用生态高技术以解决产品中的生态功能问题。

### 二、生态设计原则与方法

#### 1. 生态设计的原则

生态设计的原则包括：

（1）材料消耗最低，即资源保护原则。

（2）资源再利用最多，即资源再利用原则。

（3）使用再生资源，即资源再生原则。

（4）保护自然原则，对非再生资源节约利用、回收利用、循环利用，以延长使用期限，恢复和保护环境的自然状态。

（5）设计与自然共生的原则。

图9-1 多元共生的设计共生观，与自然、环境共生，设计产品应该符合生态规律。

图9-2 原木树段茶几，自然的、简单加工的材料，可循环利用的能力强。

图9-3 黑白灰、本木色，简约的点线面空间构成生态室内场景。

图9-4 用采集菌类的托架、菌干和装订并切割塑形的旧报纸作为空间陈列。

（6）应用减轻环境负荷的设计节能新技术。

### 2. 生态设计主要方法

生态设计主要方法有：

（1）全寿命过程法。从设计理念、获得原料、原材料加工到生产、包装、运输乃至消费使用、报废、回收等，产品的整个生命期都处于一个良性循环过程中。

（2）多样变化法。产品的造型与结构完全针对使用环境而设计，根据零部件的互换性和方便性，采用高标准化的模块组织方式，使产品能够因地制宜地拼装再生。

（3）高技术与智能化法。高效率、多功能、复合型、多媒体、人工智能的综合运用。

## 三、商业空间生态设计探索

目前，商业空间生态设计探索已经取得一定成果，表现在以下几个方面（表9-1）。

### 表9-1 商业空间生态设计成果表现

| 生态设计 | 表现特点 |
| --- | --- |
| 简化空间结构 | 优化、简化空间结构设计，减少资源消耗，避免因为空间围合、家具结构形态复杂而造成使用材料增加 |
| 选用环保材料 | 严格按照环保检测标准，挑选无污染、无异味、无辐射、无腐蚀的涂料、木材、金属复合材料、塑料制品等，工程竣工即可使用，无"散味期" |
| 对废料再利用 | 精细化管理和跟踪服务，对装修工程废料的设计再利用，制造拼合材质和装饰品 |
| 缩短装修时间 | 设计规划精确化，缩短现场装修时间，减少装修粉尘、噪声对环境的影响 |
| 可拆卸家具 | 采用可移动隔墙、可拆卸组装家具、工厂化加工、现场装配 |
| 自然通风自然光照 | 注重自然通风系统和自然采光运用，设计采用被动通风的循环系统设施，在布局设计中，不遮挡自然光，不封闭窗户，最大限度利用自然光照，节约用电 |

材料问题是生态设计的关键，加强对可回收材料的循环利用、对可利用装修物的再设计，最大程度利用原有立面、家具出新。使用绿色建材可降低材料消耗，保护资源。在本节中，我们重点讨论生态建材，减少现场装修和节能问题。

## 第二节　材料、装修、节能

### 一、生态建材

生态建材又称绿色建材、环保建材和健康建材等，是指采用清洁生产技术，少用天然资源和能源，大量使用工业或城市固态废弃物生产的无毒害、无污染、无放射性、有利于环境保护和人体健康的建筑材料。生态建材有如下特质（图9-5~8）。

1. 来自自然生长环境、可持续获得的建材资源。其主要特征首先是无环境污染，避免温室效应与臭氧的破坏。在欧洲和美国，木材是建筑材料的首选，并作为一个可持续的资源被看作生态建材。林木采伐、种植、加工是可持续、循环的材料资源管理系统。

2. 加工环节少的材料。越是自然的、未经处理的材料，它被可循环利用的能力越强，如原木、树枝和经过简单开片的木料。木材的获取（包括制造、运输和供应）需要的能量小，给环境带来的负荷也小。木材还有很好的隔热性能，这也是它被当作建造低能耗房屋理想材料的原因。木材还具有施工周期短、布局与造型灵活，以及维修和翻修方便的优势。

3. 此外，使用可回收和循环利用的废水泥渣、废弃建材物、废衣服织物、废电器塑胶等为原料制造的新型建筑材料层出不穷，如"生态水泥"、塑钢、无纺布、轻质建筑砖、家具等。

### 二、减少现场装修

商业空间装修活动较其他行业更加频繁，尤其是中小餐饮、发屋、专卖店、零售企业的装修频率特别高。店铺装修过程中占用场地、交通、公共资源，施工所产生的噪声污染、油漆污染、粉尘污染等，对周边环境影响较大。装修频繁的原因及减少现场装修的控制方法如下。

#### 1. 商业空间装修活动频繁原因

（1）通过装修出新吸引顾客。现在的街面上，老字号、老招牌、老形象几乎没有了，普通店铺的门面和室内装修要不断出新，才能在不断流失老顾客的同时，吸引来新顾客。

图9-5 林木规划、种植、开采、加工是可持续获得的生态建材资源。

图9-6 竹子、木材具有施工周期短、布局与造型灵活以及维修和翻修方便的优势。

图9-7 根据外形尺寸制定的模数系列，可以使各类部件尺寸标准协调一致，便于互换组合。

图9-8 材料由工厂生产加工，运至工地直接施工拼装，不会造成现场污染。

（2）发屋时尚化、饮食潮流化，顾客的口味跟风变，发屋、餐饮店必须时常翻新门面和内部布局、装修，跟上风尚。

（3）商业竞争激烈，业主和营业店铺更换频繁，歇业、开业的情况此起彼伏。营销模式改变，必然带来营业空间的不同使用，新装修在所难免。

### 2. 减少现场装修的控制方法

（1）经过对原有室内装修物的再设计，最大程度利用原有立面、家具出新。

（2）使用生态建材，实现零污染，对长期经营活动极为重要。

（3）控制施工时间，减少现场装修工期。要尽可能采用模数化设计，工厂化加工，现场安装。

## 三、日光照明和自然通风

日光照明和自然通风是重要的节能举措。

1. 日光照明。日光照明的历史和建筑本身一样悠久，但随着方便高效的电灯出现，日光逐渐为人们所忽视。直到最近，人们才重新审视自己一味追求物质享受，过度消耗地球自然资源的不理智行为。利用自然采光，节约人工照明用电的主要方法有以下几种。

（1）空间布局时要依据光源方向留出"日光通道"。家具布置不挡光，不封闭日光光源。

（2）系统研究和利用日光照度，在不同时间段合理设置人工照明补光和布光，二者交替使用，满足营业照明需求。

2. 自然通风，即利用自然风压、空气温差、密度差等给室内、矿井或井巷进行通风的方式。不同建筑设计形成的自然通风形式有以下几种。

（1）贯流式通风。俗称穿堂风。是指建筑物迎风一侧和背风一侧均有开口，且开口之间有顺畅的空气通路，从而使自然风能够直接穿过整个建筑。

（2）单面通风。当自然风的入口和出口在建筑物的同一个外表面上，在风口处设置适当的导流装置，可提高通风效果。

（3）中庭通风。通过风井或者中庭中热空气上升的烟囱效应作为驱动力，把室内热空气通过风井和中庭顶部的排气口排向室外。商场内顾客流量大，空气易污浊，为了保证空气清新，应注意通风设施建设。营业场所的温度对顾客和商品保管都有影响，商场也应考虑空调设施的建设。

生态设计不是静止、固态的设计，而是开发、行进式设计。设计应留有足够的弹性以适应未来发展，如家具的可拆卸性、可移动性、可变化性等。在本节中，我们重点讨论可移动隔墙、可拆卸组装家具、模数设计、柔性设计，以及生态设计创意。

## 第三节　隔断、家具、设施

### 一、可移动隔墙、可拆卸组装家具

采用可移动隔墙、可拆卸组装家具是生态设计工作的重要部分。大开敞空间中适宜通过"柔性空间设计"，用高隔间系统的围合、组织来划分和限定某些特定空间，这不仅可以适应不同的工作人员的要求，创造出更为丰富的空间层次，而且能够使环境蕴含不同的观念和情感。专业的室内隔断墙和可拆卸组装家具有如下特点。

1. 合理利用空间：高隔间系统既拥有传统墙体的围合隔断功能，也具备家具的功能。其暗橱设计能充分利用墙体空间提高空间的使用率，面板开启可存取物品，闭合后与周围墙体浑然一体。可移动高隔间方便快捷，移动轻巧，节省空间，可随心所欲改变空间大小。

2. 可灵活调整、简便、能再利用的模块化的产品。模块是可组成系统的、具有某种特定功能和接口结构的通用独立单元。它既具有相对独立的结构与空间，又具有不同功能，保证了其拆装的方便性及再次组合的灵活性。

3. 模块通常具有简洁明确而坚固的结构，是一种功能性强、效率高的工业化生产与建构模式，工厂化生产型材，运至工地直接施工拼装，不会造成现场油污污染，并可减小施工现场噪声污染，加快工程进度。

### 二、家具模数设计、柔性设计

模数，是选定的标准尺度计量单位。模数被应用于建筑设计、建筑施工、建筑材料与制品、建筑设备等项目，使构配件完全吻合，并有互换性。模数设计具有一定的标准和方法。根据家具外形尺寸制定模数系列，可以使各类家具尺寸标准协调一致，便于家具形式的互换组合，有利于室内空间的平面布置。而根据家具的部件，即几种主要的板块尺寸，制定模数系列，能减少部件的规格尺寸，加强部件的互换通用性，有利于机械化批量生产和使用功能的弹性发挥。

柔性设计，是预见变化并自动应付变化的设计，是一种对"稳定和变化"进行设计和管理的新方略。人们依据柔性设计和管理理念，在工厂里进行标准化模块生产，且对材料面板和构件进行时尚创新，根据对时尚风潮的把握组装成不同效果的空间。可自由拆卸的组合隔墙、地板送风空调系统、架空活动地板、方块地毯以及综合布线系统等，都是利用现代建造业成熟的技术进行有机整合的成果。

## 三、生态设计创意

目前，在室内空间设计中，生态设计的建造创意不断涌现，如纸材料和回收废料的建造设计被室内设计大量采用。用纸做结构材料不仅可以减轻建筑物的重量，而且可以加快施工速度，降低成本。而且建筑物拆除后，纸可以重复利用，对环境保护亦有好处。瑞典的一位科学家通过添加多种化学合成物，制成一种新型波纹纸板，其硬度竟然和钢一样。这种材料不仅非常坚固，还保持了纸板质轻的特点，而且具有良好的耐火、耐热和防水性能，特别适合于制造飞机、轮船和筑桥等。

以竹材料为例，作为亚洲地区常见的手工艺和建筑和设计材料，竹材具有悠久的历史和浓郁的汉文化特色。中国的竹文化，无论是在民俗文化，还是在文人文化中均有大量体现。竹材料在中国人的衣食住行各方面均有广泛运用。竹子作为一种绿色材料，符合当代社会关于可持续发展的理念。现代设计师把握竹子文化和环保两方面的特殊优越条件，创作出了崭新的产品设计。（图9-9~12）

商业空间设计与实践

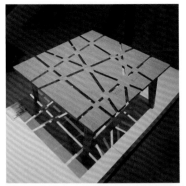

图9-9 街道桌：产品所有组成部分都采用了CNC数控切割技术，不需要黏合剂。

图9-10 竹椅：规则化、模数化连续拼接，方便组装成不同效果的空间构件。

图9-11 竹椅：将经过打磨处理、粗细不一的竹竿紧紧捆扎在一起，形成粗粝狂放的风格。

图9-12 竹桌：从纵向切割打磨竹节，组合拼接，成品肌理、色泽丰富，形态生动。

**案例：创意办公室设计，美国麻省理工学院**

设计：Merge Architects （图9-13）

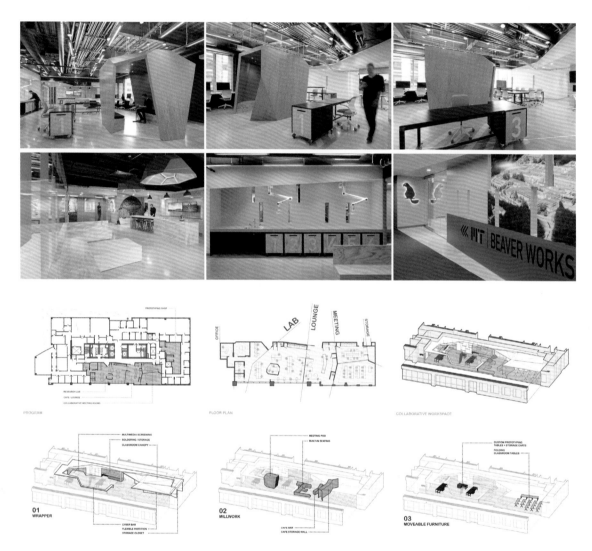

图9-13 作品大量运用木材毛坯板，材料不受损，可以重复使用。根据空间部件，即几种主要的板块尺寸制定的模数系列，减少了部件的规格尺寸，可互换通用。制作者折叠手法运用娴熟，巧妙地将整体与局部、立面与柜台结合了起来。

## 1. 理论思考

（1）什么是生态设计？

（2）生态设计的原则是什么？

（3）请举例简述商业空间生态设计特点。

（4）为什么商业空间的装修活动频繁？

## 2. 操作课题

（1）选择一家服饰店，做一个生态设计规划，包括生态设计适应性、设施措施建议。

（2）选择一个餐厅项目，做一个自然通风和日光照明分析文案，对空间隔断和家具设计提出建议措施。

## 3. 相关知识链接

（1）请课后阅读《生态设计》，刘晓陶著，山东美术出版社，2006年1月。

（2）请课后阅读《生态设计手册》，［马来］杨经文著，黄献明等译，中国建筑工业出版社，2014年7月。

· **课前准备**

请每位同学准备 A4 白纸 2 张，规定时间 10 分钟，在 6 米开间、12 米进深的设定平面尺寸里，默画自己所熟悉的专卖店、餐厅空间平面布局图各一幅，签字笔线描。10 分钟后，老师检查同学们的文字，并保留作业至本章教学结束，请同学们对照自己的认识与教学要求的异同。

· **要求与目标**

要求：通过对本章的学习，学生能充分了解多功能展厅设计、餐厅设计，以及学习如何做分析图，较系统学习如何展开一个室内课题设计。

目标：培养学生的专业操作能力，观察与思考身边的商业形态和商业空间类型特点，为商业空间设计实践打好基础。

· **本章要点**

①多功能展厅设计要点

②餐厅设计要点

③分析图和写作练习

· **本章引言**

商业空间作为公共空间的重要组成部分，对人们的生活影响巨大，是我们的基本生活活动空间。商业空间的设计更应当具有前卫的精神，走在设计的尖端，引领时代的潮流，将富有创意与内涵的室内空间展现给人们。本章的教学重点是使学生从了解几个常见空间类型设计要点入手，认识商业空间形态创意特点，锻炼和提高实践操作能力。

设计独特的商店标识和门面、富有创意的橱窗和广告与富有新意的购物环境，会给消费者留下深刻的记忆。同时，正因为每个商店的独特性、新颖感和可识别性，不同的商业空间气氛和消费购物环境才能形成。在本节中，我们重点讨论多功能展厅的基本概念和设计实务、设计操作与课题训练。

## 第一节　多功能展厅设计

### 一、展厅空间特征

#### 1. 展厅空间特征

展厅空间的格局看似多种多样，但基本规律清晰可辨。它从功能上分为三个部分，即展品陈列空间、管理员空间和观众空间。其中展厅空间为主要空间，观众空间为次要空间，管理员空间为辅助空间。展品陈列空间为功能性实体占用空间，是直接活动区。管理和仓储空间也是功能性实体占用空间，但处于辅助空间。观众空间是动态空间，是展示空间的虚空位置和渗透穿插空间。三者之间丰富的组合与变化，形成了有主次关系的空间组织。设计者依据品牌营销定位的风格性特点决定空间形态表现，如针对不同人群：男女老幼的不同需求，针对不同消费阶层：普通消费、高档消费、品牌消费等。

#### 2. 多功能展厅空间特征

（1）多功能展厅空间不仅仅是展厅，而且包括了几个主要类型空间的交叉综合使用。其功能定位既可能是展厅，是商店，又可以作为集会活动的主题展示，以及洽谈或会议使用。

（2）空间可依据品牌营销定位的经济性特点表现空间变身等。比如，因新的主题而组织的临时性会议活动空间安排、陈列展品和展示形式临时性拆装装置。

（3）多功能展厅受流行时尚元素和营销影响，会不断更新场地空间安排，大多数时候是办公空间+宣教会议+洽谈互动+展厅空间的综合类型。

（4）展示陈列艺术化、情境化。表现在空间布局中，要突出产品陈列的"赏心式"品牌文化体验，塑造唯美浪漫或清丽可人的店面氛围，用一系列以凸显真爱、情趣、乡情、异域等关键词为主旨的品牌活动，使消费者感受爱、幸福和异域情等。

## 二、作业案例

图10-1 多功能展厅初步设计：室内平面布局图和功能分区设置、空间概念图。

作品：《多功能展厅设计》，设计：陈哲中、陈凯，指导教师：卫东风。（图10-1~3）

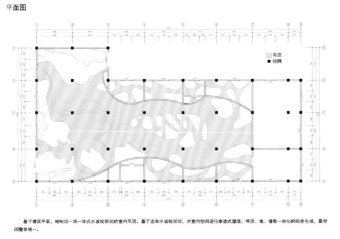

平面图

基于建筑平面，绘制出一块一体式水波纹形状的室内吊顶。基于这块水波纹形状，对室内空间进行参透式塑造，将顶、地、墙面一体化的拓扑生成，是空间整体统一。

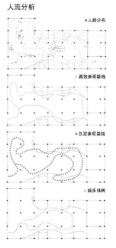

人流分析

本案例是位于城市中心的一家多功能展厅，建筑面积约300平方米，在原有场地的基础上以流淌的曲线重新划分功能分区，在满足零售业基础功能需要的同时，形成富有变化的空间体验。

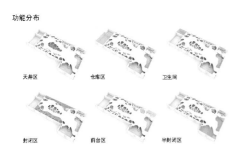

功能分布

天井区　仓库区　卫生间　封闭区　前台区　半封闭区

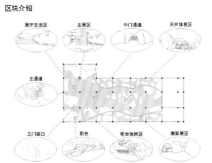

区块介绍

展厅交流区　主展区　中门通道　天井休息区　主通道　正门窗口　前台　吧台体闲区　侧面展区

1. 功能分区。展厅的功能主要由展示空间和服务空间构成。其中展示空间是主要空间，包括店标、入口、橱窗、展柜、展架和展台等；而服务空间则是辅助空间，比如接待收银台、试衣间、休憩桌椅、储藏室和办公室等。在本案例中，运用其原本建筑平面，重新划分功能分区，形成服务空间、大小展示空间和交通空间等区域。

2. 动线。在本设计中，为了让动线串联更多的多功能陈列区域，在借助平面布局的基础之上，沿墙体进行了展柜和展架的设置，在局部区域中设置以异形陈列架为主的视觉中心，并尽可能地避免单向折返和死角，使顾客流线通畅。

3. 空间。根据人的视差规律，通过店内地面、顶棚、墙面等各界面的材质、线

图10-2 多功能展厅空间草模，基于参数化建模的空间节点设计。

型、色彩、图案的配置与处理，以及玻璃、镜面、斜线的适当运用，使空间产生延伸、扩大感。该展厅中部分展示区域的虚实相间隔断的处理手法，使得空间之间相互穿插、融合，丰富了主次关系。

4.色调。总体色调呈青绿色，地、顶、墙、楼梯、设施、展架均统一在主色调中，并运用暖色调光环境，主要是通过漫射光运用，生成温润、清丽的店面氛围。

**生成步骤**

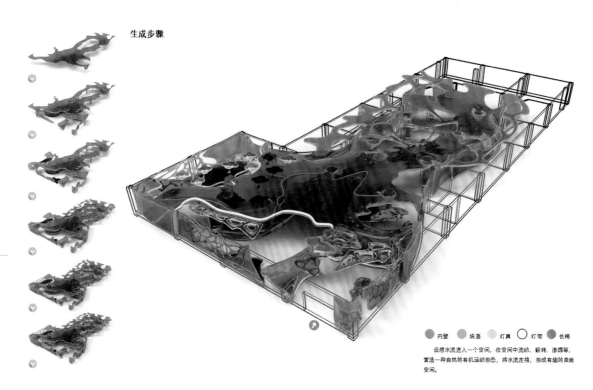

● 内壁　● 块茎　灯具　○ 灯带　长椅

设想水流进入一个空间，在空间中流动、翻转、渗透等，营造一种自然的有机运动形态，将水流定格，形成有趣的曲面空间。

商业空间设计与实践

**区域关系**

置身于双曲面的空间中，人们会被空间带动着运动起来。曲面墙体的导向性，可以让人们保持一种不断运动的状态。顶、地、墙的拓扑连接，既整体又统一，体现了纯净的特性。区块与区块的模糊连接，把空间的每一部分都串联在一起，形成一个整体。区域与区域之间存在统一性，也存在差异性，始终给人一种在一个大空间中穿梭，又不失新鲜感的动态体验。

给静态的柱、顶，还有墙体施加一种方向和趋势，让它能够流动到空间内容，不仅是一根立柱、一块天花吊顶、一面墙而已，而是让它们与空间内部实现互动。给柱、顶、墙的定义加一层迷雾，让它们的概念模糊，让它们能活跃在空间中，而不是在四周观望。

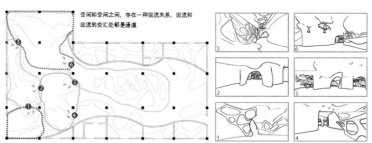

空间和空间之间，存在一种回流关系，回流和回流的交汇处都是通道

图10-3 多功能展厅空间曲面系统生成过程和场景设计。

### 三、课题训练

#### 1. 课题目的

多功能展厅设计中包含了商场空间设计的基本要求，同时渗透了展示空间设计的某些特征。其设计主旨是通过对商品多样性的展示，借助展具、灯光、声音等要素，营造便于顾客选购商品或适合于商家进行销售的形式。通过对展厅型专卖店的课题练习，我们能了解商场空间类型的特点，掌握常见的设计手法，学会组织空间与界面的关系，并能灵活运用于各类建筑室内设计中。

#### 2. 课题内容

项目要求：根据所给的建筑平面图，设计一家服饰品牌多功能展厅，店名自拟。该服饰店位于某商业步行街，要求设计符合其中高端的品牌形象，反映出品牌的风格特征。

设计细节：该服饰店的建筑面积约为310平方米，层高4.5米，除主要的商品展示空间外，还需设立一些辅助空间，如接待与收银、试衣间、休憩空间、储藏间等。要求充分利用落地玻璃窗、建筑原有框架结构。

作业要求：要求创作完成该服饰店的设计方案，包括：a.平面布置图（比例自定）、顶面布置图（比例自定）、立面图（比例自定）；b.色彩效果图，3~4幅，比例自定，表现手法自选，要求准确生动地描绘出空间的形态、尺度以及材料的色彩、质感，需要表现出一定的细节设计；c.设计说明；d.完成A3设计文本一套。（图10-4）

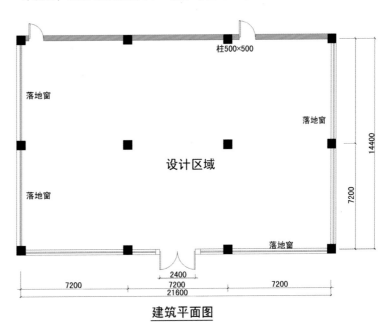

**建筑平面图**

图10-4 命题作业建筑平面图。

### 3. 课题操作程序和要求

（1）专题观摩。组织参观相关服饰店，对功能、分区和顾客的活动特点进行调研。

（2）资料整理。在调研的基础上，收集相关数据，如最基本的人体尺度、人流范围、家具尺寸等。

（3）概念设计。结合具体的设计要求，展开关于设计主题、风格的初步构想。

（4）方案设计。对服饰店的空间组织、界面装饰等做进一步深入探讨与设计。在设计过程中，应当大处着眼、细处着手，从里到外，从一而终，处理好整体与局部的统一关系，通过图纸、模型和文字说明等，正确、完整、富有表现力地表达出设计作品。

（5）文本设计和制作，电子稿汇报的动画、PPT制作。

### 4. 课题操作重点

（1）定位研究。服饰店的品牌形象如何在室内设计中得以体现十分重要，两者必须保持高度的统一性和协调性。应该根据商店的经营性质、商品的特点和档次、顾客的构成、商店形象外观以及地区环境等因素，来确定室内设计总的风格和定位。

（2）视觉中心设计。在服饰店中，规划设置视觉中心是吸引顾客最直接且有效的手段。要有简单明确的主题，以建立展品的特有形象，突出商品的特点、款式、风格、文化，并与店面周围的环境进行呼应。

（3）空间设计。空间设计是服饰店空间的最重要部分，柜台、展架应当成为专卖店的功能中心，因此要把室内最好的、最有利于展现商品的区域让给这个功能中心。商品是专卖店的"主角"，空间设计手法应衬托商品，服饰店的室内环境只是商品的"背景"。

（4）艺术照明。商品展示通过局部照明、艺术照明加强商品展示的吸引力。

当代餐饮空间的使用和设计受社会经济水平不断提高、信息不断加强的影响，餐饮设计文化已成为世界性共享的一种时尚文化。设计的表达形式受日益复杂的顾客群体的需求变化影响，餐饮的风格化、个性化成为主流。在本节中，我们重点讨论餐厅空间的基本概念和设计实务，设计操作与课题训练。

## 第二节　餐厅设计

### 一、餐厅空间

#### 1. 餐饮空间的概念

餐饮空间，指在一定的场所，公开地为一般大众提供食品、饮料等餐饮的设施和公共餐饮屋，它往往既是饮食产品销售部门，也是提供餐饮相关服务的服务性场所。餐饮类营业空间类型有中式餐厅、西式餐厅、快餐店、风味餐厅、酒吧、咖啡厅、茶室等。人们走进餐馆、茶楼、咖啡厅、酒吧等餐饮建筑，除了满足饮食上的需要，更多的活动是休闲、交往、消遣，从中体味一种文化，获得一种精神享受，所以，餐饮空间应该为客人提供亲切、舒适、优雅、富有情调的环境。

#### 2. 餐厅空间特征

餐厅、餐馆、饮食店和食堂空间，一般都是由供顾客就餐的饮食厅区域的直接营业区，餐厅接待空间和厅堂共享部分的亚营业区，厨房和饮食制作间的后厨空间，仓储空间、卫生间、交通等辅助空间组成。其中，门厅、休息厅、餐饮区、卫生间等功能区域是顾客消费逗留的场所，是餐饮空间室内设计的重点。

### 二、作业案例

作品："红色空间"餐厅设计。设计：马博文，指导教师：卫东风。（图10-5～10）

本案例是位于城市中心的一家主题餐厅，面积约300平方米，原场地空间为H形。如何处理空间，使其在满足接待顾客和使顾客方便用餐这一基本要求外，同时还要具有更高的审美和艺术价值及更好的空间感受，使得空间更有特色，是此案例需要重点解决的问题。

1. 总体布局。餐厅总体环境布局是通过交通空间、使用空间、工作空间等要素的完美组织共同创造一个整体。主次流线有效地串联了整个空间的各个部分。

2. 空间创意。空间设计的灵感来源为一张白纸，首先将白纸定向切割，形成条带状后，再通过折、包、卷等方式，形成座椅、台阶、隔断、吊顶等局部，随后将这些局部组织、拼接，最终构成一套完整的包裹的空间。

3. 红、黑、白表皮。表皮材质的选择以碳晶板为主，材料与形式均与室内空间相呼应。

4. 细部刻画深入。进入餐厅，中间最大的面积作大厅散座，雅座设于两侧，相对围合安静。大厅中间的立柱利用与周边统一的材料进行弱化，地面处理相对简单，顶面做不规则的划分吊顶，与空间中运用的折线相呼应，使得细节更加丰富。

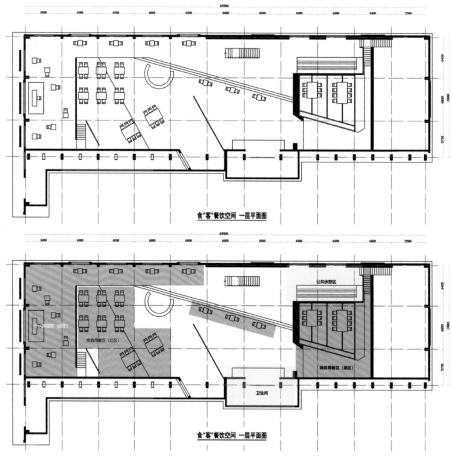

图10-5 室内初步设计。本餐厅设计基于马列维奇"至上主义"的理论，从中提取了简约抽象的折线构成，生成了平面布局图和功能分区设计。

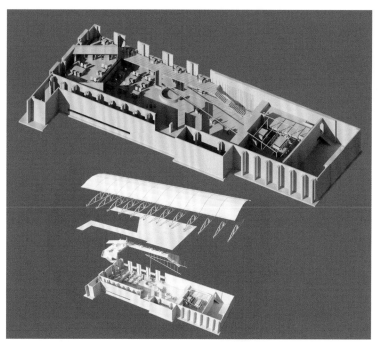

图10-6 设计者由平面布局和顶面、主要家具草图完成的空间构成概念图，并通过模型草图判断餐厅室内整体空间是否疏密关系流畅、体块套叠有机联结。

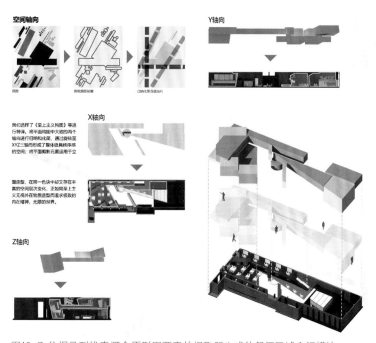

图10-7 依据马列维奇概念原形图要素的提取所生成的餐厅区域空间模块。

**空间形态**

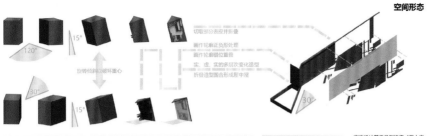

切取部分表皮并折叠

画作轮廓正负形处理
画作轮廓错位重叠
实、虚、实的多层次变化造型
折叠造型围合形成庭中屋

旋转倾斜破坏球心

**空间材质应用**

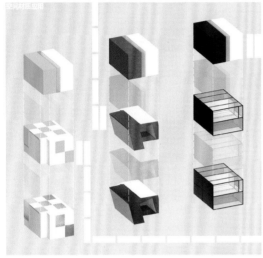

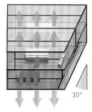

本次设计基于马列维奇"至上主义"的理论，选择了纯色材料，在统一的色彩的中进行几何与光影的变换，使空间"单纯"又富于变化，通过红色烤漆、红色铁皮、清水混凝土、普通玻璃、毛玻璃、黑色高反射率的半透玻璃、白色亚克力等简单的材料，仅限于黑、白、灰、红的色彩范围内，通过各种材质的折射率与反射率，丰富了空间的体积感与展次感。

140

图10-8 室内色彩设计追求表达马列维奇"平面、纯色"。确定主色调为红色烤漆，配以混凝土、黑色玻璃、白色亚克力材质。通过各种材质不同的折射率与反射率，丰富了空间的体积感与层次感。

**空间布局**

根据马列维奇"至上主义"的三个时期，将空间大致分为了初期反传统，如《白底上的黑色方块》的黑色空间；中期富于激情革命精神，如《至上主义构图》等的红色空间；后期理论完整成熟，如《白底上的白方块》的白色空间。

一层功能分析

二层功能分析

红色空间就餐区
卫生间
厨房
黑色空间就餐区
红色空间就餐区

一层路线分析

二层路线分析

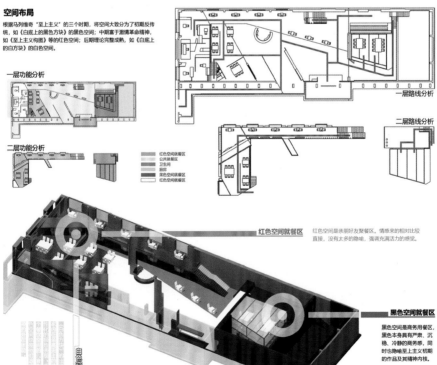

**红色空间就餐区**

红色空间是亲朋好友聚餐区。情感来的相对比较直接，没有太多的隐喻，强调充满活力的感觉。

**黑色空间就餐区**

黑色空间是商务用餐区。黑色本身具有严肃、沉稳、冷静的商务感，同时也隐喻至上主义初期的作品及其精神内核。

白色空间就餐区

图10-9 餐厅就餐路径图及根据马列维奇"至上主义"理论三个时期而分别设置的白（艺术互动聚餐区）、黑（商务活动就餐区）、红（亲朋好友就餐）空间。

图10-10 "红色空间"餐厅室内代表性场景设计中，由剪纸镂空手法生成墙面和隔断造型，并在纵横交叠的大空间关系架构上采用了折叠建构手法，表现抽象刚性的马列维奇平面艺术风格。

### 三、课题训练

#### 1. 课题目的

熟悉餐饮室内设计的基本原则及设计手法，通过分阶段的设计方式，研究餐饮室内设计的思考方法，完成一次餐饮空间的室内设计过程。通过对餐厅空间的课题练习，了解餐饮空间类型的特点，掌握常见的设计手法，学会组织空间与界面的关系，并能灵活运用于各类建筑室内设计中。

#### 2. 课题内容

（1）项目要求：根据所给的建筑平面图，设计一家餐厅，店名自拟。

该餐厅位于某特色食街,要求设计成符合其乡土菜系的地方风味餐厅。

(2)设计细节:该餐厅的建筑面积约为210平方米,层高4.5米,除主要的营业空间外,还需设立一些辅助空间,如接待与收银、休憩空间等。要求除大厅散座外,至少包括3个(10人单桌)包间;功能设计合理,基本设施齐全,能够满足餐厅营业的要求。

(3)作业要求:要求创作完成该餐厅设计方案,包括:a.平面布置图(比例自定)、顶面布置图(比例自定)、立面图(比例自定);b.色彩效果图,3~4幅,比例自定,表现手法自选,要求准确生动地描绘出空间的形态、尺度,以及材料的色彩、质感,需要表现出一定的细节设计;c.设计说明;d.完成A3设计文本一套。(图10-11)

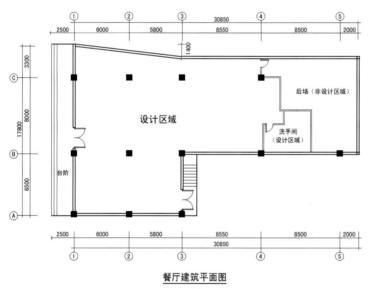

**餐厅建筑平面图**

图10-11 命题作业建筑平面图。

### 3. 课题操作程序和要求

(1)专题调研。组织对相关餐厅的功能、分区和顾客的活动特点进行调研。

(2)资料整理。在调研的基础上,收集相关数据,如最基本的人体尺度、人流范围、家具尺寸等。

(3)概念设计。结合具体的设计要求,展开关于设计主题、风格的初步构想。

(4)方案设计。对餐厅的空间组织、界面装饰等做进一步深入探讨与设计。通过图纸、模型和文字说明等,正确、完整、富有表现力地表达出设计作品。

（5）文本设计和制作，电子稿汇报的动画、PPT制作。

#### 4. 课题操作重点

（1）空间组织设计。分析各种构成元素的内在逻辑，对之进行加工、排列，从而形成清晰有序的空间秩序，做到理性和谐。运用并列或重叠、线性或组团方式进行空间围合。

（2）家具设计。餐厅中桌椅、沙发等因其体量和形态往往在空间中占据重要的位置。它们向人们暗示了此区域的活动内容，会在无形中将各功能区域进行分割。

（3）场景设计。做好场景设计是设计师塑造个性化的重要手段。设计上可以不拘一格，采用多种设计手法来演绎空间，营造丰富的空间层次变化和增加室内景观的视觉观赏性，增强就餐空间的艺术美感和空间感染力。

（4）主题化设计。在满足商业需求的同时，根据不同的设计主题，借鉴戏剧"剧本"创作的要素，即选择适宜的空间主题、适当的材料（道具），使空间在故事情节、情感体验中产生变化，强调空间氛围，突出个性与情感的表达。

在一些大型竞赛或者作品集中，叙事性分析图表越来越多。会讲故事的分析图，无须用过多口述，只看分析图，别人就知道你想说什么，一般在系统文本设计中用得比较多，对比经验至上，它更加强调逻辑性设计。在本节中，我们重点讨论商业空间设计中如何通过课题导入概念研究和提升空间文化特质的设计操作。

## 第三节　分析图和写作练习

### 一、课题导入

#### 1. 教学目的

一个好设计始于一个好主题。好题目要能够体现研究与实验的切入点。通过相关选题研究和设计课题的教学实践，检验学生的专业基础理论与设计水平，检验课题设计作品中所体现的新的设计观念以及研究的深度性。

#### 2. 教学内容

选题分析阶段：该阶段由教师对所提出的选题进行解析，并与学生共同讨论选题内容、选题的方向以及实施计划。

选题实施、指导与修改阶段：在选题内容、方向以及实施计划确定后，学生在教师的指导下完善主题的构思，并进入切实可行的课题实施。

选题的实施与完成阶段：准备展出计划、完成模型、实物以及展板的制作与表达。

### 3. 课题导入

教学中，教师会要求学生对选题做出阐释，明确将解决什么问题，达到什么样的完成效果。这是逐步训练培养学生学习课题研究的基本方法。通过选题教学练习，引导学生如何搜索相关资料、快速期刊阅读、提取有用的概念和关键词。结合设计案例，尝试对不同类型的设计理论进行梳理、解析，总结、分析、展现选题研究的价值，以及从设计背景、空间组织、材料结构等角度探索实验设计的基本设计方法与技术、设计策略，为设计实验获取策略与方法的支撑。下面就如何找到选题的方法给出一些建议。（表10-1）

### 表 10-1 选题方法

| 序号 | 概念搜索 | 有效价值搜索 | 概念搜索 | 要点 |
|---|---|---|---|---|
| 1 | 概念词搜索 | 有效价值概念源自空间设计学术新概念，建筑设计理论新概念，博士、硕士研究论文，央美、清华设计论坛、国际名校研究生毕业设计作品发布等 | 著名建筑师理论，空间设计新概念，论坛研讨会新词汇 | 学术词汇、建筑师观点、研讨会关键词 |
| 2 | 期刊论文搜索 | 期刊论文是出选题词汇最多的地方，通常一篇文章如没有一个好观点和新素材、新研究点，就不能发表，而这里面包含了诸多可转译为课题设计的可能 | 中文核心期刊、建筑学理论研究期刊，艺术学院、美术学院学报，专题研究论文集 | 一级标题到三级标题中最能够搜集到适宜概念 |
| 3 | 社会新闻搜索 | 关注重要社会新闻、政府工作概要信息、社会民生新闻、大众传播新闻，从中找出重要关键词、百姓事件、重大新闻事件，找出可研究表现的词汇 | 电视新闻、手机信息、政府在一段时期的宣传重点、重大突发事件、民生关注词汇 | 生态发展理念、重大发展规划、突发事件影响重大 |
| 4 | 专卖店搜索 | 专卖店课题设计，不是仅解决具体设计，而是要有发展和系统设计概念；搜索相关课题设计所涉及的企业历史、定位、综合系统要求、图像等信息 | 定位信息、基本生存环境、服务对象需求、图文、标识、发展可能方向。 | 企业与相关行业基本信息、图像图形、广告 |
| 5 | 国际大赛搜索 | 诸如"建筑挖掘鸡""每日建筑"、国际大赛信息、欧美系著名建筑学院研究生毕业设计发布，找寻其中新概念新词汇、异想天开的概念设计 | 亚洲设计学年奖、中国人居环境学年奖、欧美系著名建筑学院研究生毕业设计发布等 | 图片、选题信息收录、图解图集、概念设计表述词汇 |

## 二、分析图设计

课题研究的最终目的是通过理论梳理与设计实验，整理一套行之有效的设计方法，探索生态、空间、建造、实验意义，开拓空间设计的创作思维。在课题导入设计概念的基础上，掌握分析图设计方法。为了更清晰地展现设计实验的思维过程和设计意图，需通过大量的图解图示对设计的过程进行记录和表达。图解和图示作为一种"语言"，是一种重要的交流的手段，建立了建筑的"作者"与"读者"之间更为宽广的桥梁，使得建筑的创作过程与思路得以更清晰地图示化呈现。分析图设计包括做图要素准备和叙事分析图逻辑架构。

### 1. 分析图要素

课题概念逻辑确立、基本图纸准备等是分析图主要生成要素。

（1）课题逻辑关系梳理

通过探索在指定环境和有限场地下的一种设计实验项目，将前期文献研究所获得的设计理论知识指导应用到具体的实践操作中，并对已获取的理论知识进行验证反馈。

①梳理与项目相关的概念，理清脉络，界定研究范畴，明确研究对象。

②对涉及课题相关领域有影响力的思想理论进行研究，为设计实验获取理论的支撑。

（2）应对课题设计策略的基本图纸准备

项目设计实验中的技术性图纸准备，包括所有单元模块的平面图、立面图，以及五种不同组合布局的平面图、立面图和剖面图，同时还包括以单元模块M2为代表的施工图纸。

空间场景设计建模，通过不同角度的摄像机设置，在设计实验中对整个系统不同组合布局进行三维仿真，展现由可移动性带来的空间效果的多样性魅力。微缩实体模型为建筑设计以三维形式表达思想提供了一种更为直观的方法，可以更真实地再现设计项目建成后的效果，梳理单元模块的模型组合，表达出足够的空间细节和视觉效果。

### 2. 叙事分析图

在整套图纸中，叙事性的分析图主要集中在以下两部分：场地现状分析图、概念推进分析图。

场地现状分析图：从叙事性的基地调研入手，其中包含区域分析、人文背景等。主要得搞清楚三个重点：区域社会背景、场地调研、建筑所需的功能性。

概念推进分析图：至于概念推演，那就很好解释了。将你的灵感具象化，然后一步步模拟成建筑或景观，并加上过程演示。你也可以理解成流程图。

分析图设计，到底该如何表达好呢？有两点需要注意：

（1）建立时间轴：众所周知，人的视线都是会跟着动线走的。在表达的过程中，建立一道时间轴，可以让观众跟着你的时间顺序，并顺着你的逻辑去理解设计。

（2）设计阵列图表：同样是利用视觉习惯特点而设计的阵列图表，适合说明每个单体之间的细微差异。可以利用每个单体间变化的逻辑关系来分析设计过程，也可以利用形态区别来分析空间多样性。

**作业案例：文化空间设计（图10-12～14）**

设计：胡天煜，指导教师：卫东风。

图10-12（1）场地现状分析图解，包括场地调研、实景照片、项目背景资料及区域环境交通线路图整理，建筑草模和室内平面布局与流线的初步设计。

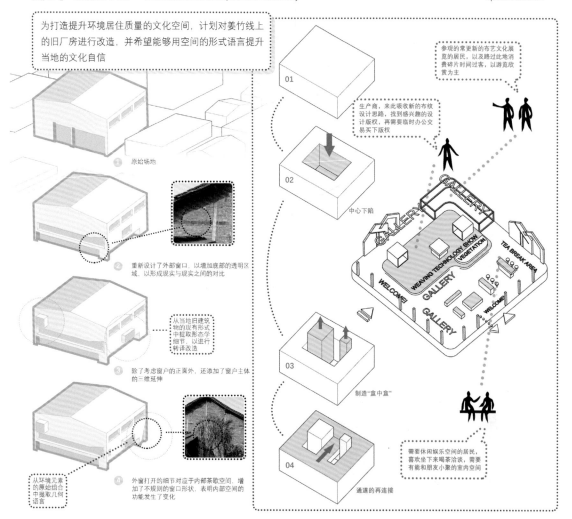

图10-12（2）场地现状分析图解，包括场地调研、实景照片、项目背景资料及区域环境交通线路图整理，建筑草模和室内平面布局与流线的初步设计。

内部空间的设计作为一种思想上的过渡方式，旨在缓解焦虑带来的混乱，这种
缓解的主要方式为利用空间内的迂回线路。

一层与二层的"双迂回"形成了空间内部的漫步空间，对应"悬崖上"与"悬崖下"的
不同视角，移步换景，符合了克氏恐惧与焦虑的启示，即"看见更多的可能"，找
到跟多的视角。

商业空间设计与实践

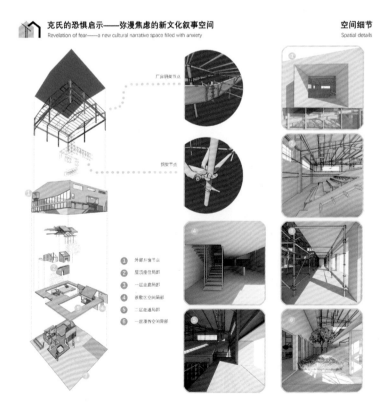

 **克氏的恐惧启示——弥漫焦虑的新文化叙事空间**
Revelation of fear——a new cultural narrative space filled with anxiety

**空间细节**
Spatial details

图10-13 概念推进分析图解，将所涉
及课题理论的具象化阐释，一步步模
拟成建筑或景观，并加上过程演示。
可以理解成流程图，包括设计程序、
空间概念生成过程的系统呈现。

## 克氏的恐惧启示——弥漫焦虑的新文化叙事空间
Revelation of fear——a new cultural narrative space filled with anxiety

**空间解读**
Space explanation

从传统形象中结构出的元素

茶水区

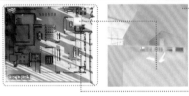

传统民居斜顶形象与厂房的后工业的钢架结构，都在诉说着并非一致统一的，而是多条线索、不尽可能的焦虑的享受。

茶水区局部-上行通道

## 克氏的恐惧启示——弥漫焦虑的新文化叙事空间
Revelation of fear——a new cultural narrative space filled with anxiety

**空间解读**
Space explanation

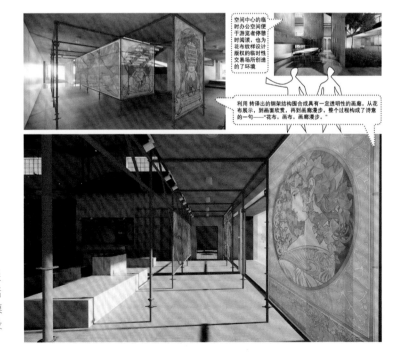

空间中心的临时办公空间便于游览者停憩时阅读，也为花布纹样设计版权的临时性交易场所创造的了环境

利用转译出的钢架结构围合成具有一定透明性的画廊，从花布展示，到画面欣赏，再到画廊漫步，整个过程构成了诗意的一句——"花布，画布，画廊漫步。"

图10-14 基于场地现状分析+概念推进分析的空间实验性设计成果呈现，包括空间概念生成、技术性图纸、空间模型、室内场景设计、材质设计、灯光设计、创新设计要点总结。

## 三、写作练习

　　设计分析写作是本科高年级的一门实验性作业，是伴随着作业设计全过程的理论学习、设计思考、空间实验小结。与以往偏重设计绘图不同，要求学生在整个设计作业过程中，动笔将自己的理论研究心得、空间设计发现记录整理成文章。写作练习不是设计随笔，而是按照研究要求记录、整理、图解相关设计理论，将设计概念嵌入项目空间设计中去，得到空间创新设计成果。写作练习能够帮助学生提高动脑动手综合能力。这里以一篇写作练习作品为例，完整展示了在环境设计教学过程中，对学生学术基本能力的培养。要求有如下几个方面（表10-2）。

表10-2 写作练习结构要求

| 结构 | 阶段内容 | 研究内容和项目设计展开 | 要点和图纸 |
|---|---|---|---|
| 一 | 课题确立 | （1）通过导师引导和前期文献学习，完成课题选题 | 寻找相关素材图片 |
| | | （2）完成项目设立、场地确定 | 选择适宜场地项目图纸 |
| | | （3）完成基本设计，包括场地调研、课题核心理论研究解读、课题创新性分析提炼 | 场地分析图系列 |
| | | （4）尝试图解相关概念，完成系列图解图 | 概念分析图系列 |
| | | （5）完成系列工程设计初步、结构设计初步 | 初步项目设计图纸 |
| 二 | 理论概念阐释 | （6）序和开篇，提出课题研究问题和缘起 | 调研图解 |
| | | （7）核心理论阐释及文献研究心得，图解表达 | 理论图解 |
| | | （8）相关研究涉及空间理论系统生成图解 | |
| 三 | 设计项目展开 | （9）依据核心理论的课题实验阐述，图解表达和工程设计 | 概念图解 |
| | | （10）空间概念设计，初步完成与理论对接的空间设定 | 空间设计表现 |
| | | （11）空间模型生成系列，完成重要场景设计 | 场景设计和效果图设计表现 |
| | | （12）材质编辑、灯光编辑，完成效果图表现 | |
| 四 | 结语 | （13）揭示研究创新心得与分析发现 | 要点小结 |
| | | （14）通过设计实验成果，对课题研究给出结语 | 引人思考的后续 |

《记忆盒——复杂社交关系下的临时性情感空间设计研究》，作者：李岩，指导教师卫东风。

教师语：这是一篇获奖"千字文"（亚洲设计学年奖设计研究奖金奖作品），是本科高年级与实践课题设计相伴的写作练习，是对课题导入设计教学的理论概念归纳。写作练习有文字量和插图要求，需图文并茂，且文字量为1800～2600字之间。文章太短，许多理论概念说不明白，文章太长，又与本科生专业理论基础不相符。短文有要求：即找寻、学习一个设计理论或关注一个好概念，通过尝试对理论概念进行阐释，做叙事分析图，完成一个实验性设计小项目。模式为：1个概念+1个设计。

## 一、设计概念

5G时代的来临给我们的社交方式带来了巨大的变革，这无疑是匿名社交网络行业蓬勃发展的催化剂，当日益复杂的社交关系拓展到私人空间，现实世界的真实情感往往受其束缚，人们开始渴望表现真实的自我，而不仅仅是被定义为某一类社会角色。因此，设计师将虚拟的匿名社会模型付诸现实，并设计了一个供陌生人在现实世界中社交的临时性情感空间。此次"记忆盒"概念的设计秉承志趣相投的友谊概念，为人们提供了相互吸引，找寻自己的情感记忆的场所，最终，实现对自己孤独灵魂的唤醒。（图10-15）

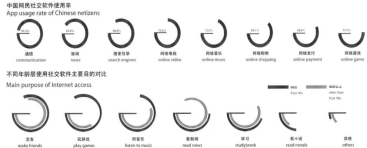

图10-15 基于复杂社交关系拓展概念分析。

## 二、设计背景

### 1. 理论支撑

社会交往之实质，在于情感凝聚与功能发挥。设计师选择了从20世纪美国心理学家斯坦利·米尔格伦（Stanley Milgram）提出的"六度空间"理论出发，根据这个理论，你和世界上的任何一个人之间只隔着五个人，无论对方是在哪个国家，属于哪类人种，或又是何种肤色。（图10-16）

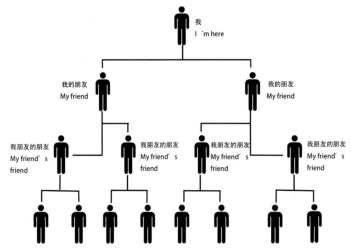

图10-16 复杂社交关系图解析。

由此可见，在社交关系如此复杂的今天，人们对于空间环境的设计已经不是单单追求起居实用性，还追求情感交互效果，因而，情感交互与空间环境设计应结合在一起，以社交关系作为纽带和表现语言，联通空间环境与人的情感，实现与人的情感交互。

点评1：直接交代所研究的概念，作为短文开篇语。交代作者要研究的内容和切入点。概念文字虽短，但附有阐释概念的逻辑架构分析图。

### 2. 选址

由于对"记忆盒"空间的研究涉及社交网络这一复杂问题的多个层面，而情感空间的设计研究既需要有概念支持，也需要满足用户的精神与社交需求，由此，设计师重拾记忆里对南京的感知与理解，重新去寻觅他的地域特色。本次临时性情感空间的设计研究需要面向多个年龄层面、多种性格特点的人们，因此地理位置的选择上，人流量大、交通便利是重中之重。正如这次设计项目所在的区域——南京国创园（图10-17），因其优越的地理位置，来往人流众多，这次的研究希望为南

商业空间设计与实践

图10-17 "记忆盒"项目场地。

京国创园探寻一种新的可能性。

### 3. 调研

　　设计师将可以促进公众社会联系的人类活动大致分为五类，分别是娱乐、休闲、商业、集会、体育，又为每个类别选择了四个相应活动。此分析图（图10-18）清楚地显示了这五种人类活动的人群、年龄层与参与规模。在陌生的社会交往中，公众社会接触大多数是自发的，他们往往因为共同的爱好兴趣而互动相聚，且人口的年龄结构不存在明显的差异。在对这种情感交往进行观察的基础上，我尝试通过

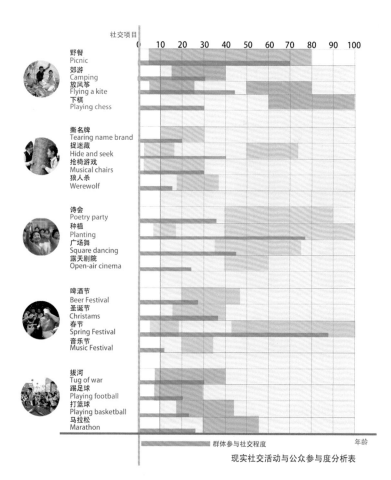

图10-18 相关人群公众社会活动数据分析图。

这次设计研究有针对性地将情感空间的记忆碎片重组再现，以缓解人们生活中的孤独感。

点评2：交代作者要研究的项目内容和场地分析图。基于对设计项目调研资料的梳理总结，包括场地条件、相关调研数据实现逻辑呈现。

## 三、设计思路

### 1. 空间转译

情感空间的真实意义在于发展空间的精神脉络，设计师选择了南京国创园几个典型的空间记忆节点，通过深挖和思考该区域当地人的生活经验和记忆片段，结合真实的建筑因素，在对整体建筑形式的把控下，实现互动记忆空间的流线转译，从而将模糊的虚拟社交网络清晰化，不再是乏味的简单划分，而是设置具有不同尺度、属性、比例、层次的特殊空间单元，为未来社交空间系统的探索提供潜力。（图10-19）

点评3：通过概念分析图深化设计表达，一个好的分析图可以为文章增加理论研究的可读性。

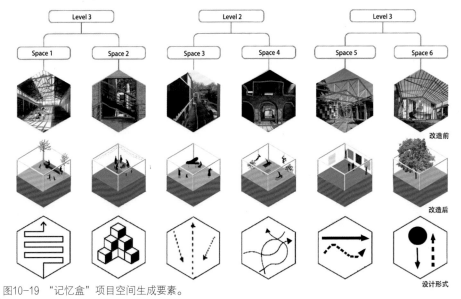

图10-19 "记忆盒"项目空间生成要素。

### 2. 形体生成

为了符合"记忆盒"的设计初衷，本次空间设计在外形上将简单原始的方盒子造型进行了进一步的体块化的解构重组，运用圆、方等体块塑造了充满秩序感的丰富层次变化，在打破单一方盒子形式的基础上，创造了更多空间元素的可能性，追求情感力量在空间载体里的矛盾与突破。（图10-20～21）

## 体块生成 Block generation

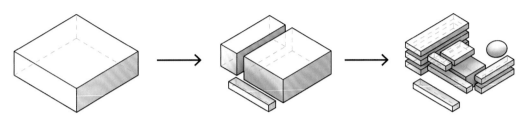

图10-20 "记忆盒"建筑空间区块生成。

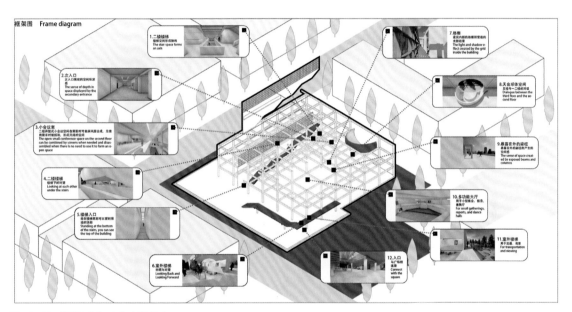

图 10-21 "记忆盒"建筑空间节点。

### 3. 空间划分

将个人兴趣数据与初始对等方匹配后，参与者可以在三个级别与对等方一起进行，并在相同的任务中与对等方一起运行。在综合大楼中，人们从最底层开始上台，然后参加从小到大的活动。

①一层主要设有相对私密的空间，针对不同的任务事件，根据每个活动的特殊属性来执行空间的设计划分，从而形成具有不同属性、比例、空间特征的单元，让参与者进行初步的了解探索。

②二层将整个空间设置为公共空间，经过一层的特殊划分，二层可以供参与者进行情感的互动与短暂的休息，任何人都可以在这个空间交

友、合作、商谈，打破界限，作为连接人与人、人与记忆、人与空间之间的纽带。

③三层保留了建筑原有的形式，设置了大面积的露台，在供参与者互动交流的同时，也可吸引外界游客参与到此项活动体验当中。

### 4. 空间叙事

漫游于"记忆盒"之中，游走所能带来的是饱满灵动的情感体验，人与社会、人与空间、人与记忆这种最直接纯粹的对话关系从未停下脚步，本次研究亦是如此。人的感知是这次设计的原动力，游行其间，我将空间场景抽象叠加，主观再现，通过镜头对这些节点串联叙事，利用人们进入不同空间时的情绪与感知塑造表达一种心理状态、情感需求和空间气氛。（图10-22）

情感空间1（初见）

情感空间2（相识）

情感空间3（相知）

情感空间4（相伴）

图10-22 人与空间情感互动分析。

点评4：短文凸显了图解分析的作用，将文字要点化，保留能够紧扣概念、重要关键词、研究创新点的要点文字。叙事图解也从场地分析图，逐步转移到空间设计分析图、空间与使用者关系揭示上。这些分析图都是在项目设计过程中生成的。文章中可使用的图解图尽量要表达从原理到生成结果的逻辑系列图，少用实景渲染效果图，将理论概念扁平化呈现。

## 四、设计总结

综上所述，复杂社交关系下的临时性情感空间设计研究，旨在探索一个适应现下网络社交社会现象的真实空间社交系统：打破人们对社交网络的依赖性，加强人与人之间的真实社交记忆，从而做到深入考虑未来空间形态的组成形式。

点评5：短文需要一个结语，对所研究的内容和设计给出一个小结、课题结论和研究启示，带着"问题"离开，留一个引人思考的后续。

# 课程教学安排建议

课程名称：商业空间设计

总 学 时：80学时

适用专业：环境艺术设计及室内设计专业

前修课程：素描、色彩、设计基础、建筑设计初步、制图基础、计
算机辅助设计、室内设计基础等

## 1. 课程教学目的和培养目标

通过课程教学，使学生达到如下成就。

（1）知识方面：了解商业和商业空间的"概念""构成要素"以及"生成方式"的相关知识，认识商业空间的功能、形式以及空间类型属性的内在关系，理解商业空间设计的本质，掌握商业空间塑造的方式，熟悉商业空间设计的基本方法。

（2）能力方面：训练初步掌握一定的商业空间理论知识，掌握商业空间设计所需的基本知识，如商业形态设计、空间形态设计、材料设计、色彩设计、视觉中心设计、生态设计，具备基本的空间规划、组织和设计能力。

（3）素质方面：树立科学的设计观，能够从本质的角度分析评价室内空间，养成独立思考、善于探索的学习习惯。

## 2. 课程内容和学时分配建议

（1）一般艺术学院实行每周16学时制，课程4周是64学时，部分学院课程安排是3周48学时，本书第三、四、七、八章涵盖了商业空间设计的基本知识点，第十章课题设计作为基本课程教学内容和实训练习安排，而其他章可供学生课余学习和欣赏。

（2）本书可以分为2个单元课程教学安排：采取3周加3周（或4周加4周），其中，本书第三、四、七、八章商业空间设计的基本知识点为前3周（4周）教学内容，第十章课题设计的其中一个类型为后3周（4周）教学内容，这样的2个阶段安排将理论知识点与不同类型空间设计应用结合起来，其他章可供学生课余学习和欣赏。

（3）本书可以专供商业空间设计课程教学使用：3周48学时（或4周64学时）课程中，以本书第三章形态设计、第四章类型设计教学和第十章课题设计训练为重点，将其他章节作为基本知识点，贯穿其专业设

计课程课堂教学。

### 3. 教学方法

（1）主要采用课堂教授，多媒体图像、参考文献导读与课堂讨论相结合的教学方法。

（2）鼓励学生进行课外文献阅读和参观相关商业空间装修工程现场、装饰材料市场、装饰配套市场。

（3）通过课外文献阅读，拓宽知识面，通过参观与讨论，将理论与实践相结合，加深对商业空间设计的概念与定义、课程设置的了解。

### 4. 考核方式

（1）采用过程考核与目标考核相结合的方式。过程考核包括课堂出勤和随堂考察，目标考核指课程作业。

（2）课程作业包括：一、以文字为主、插图为辅的理论思考题，每篇文字作业200字即可；二、操作训练题，重点考核学生的动手能力、建模、课外调研等。

图书在版编目（CIP）数据

商业空间设计与实践 / 卫东风编著. -- 上海 ：上
海人民美术出版社，2024.3
（新版高等院校设计与艺术理论系列）
ISBN 978-7-5586-2880-1

Ⅰ．①商… Ⅱ．①卫… Ⅲ．①商业建筑－室内装饰设
计－高等学校－教学参考资料 Ⅳ．①TU247

中国国家版本馆CIP数据核字(2024)第011429号

---

新版高等院校设计与艺术理论系列

商业空间设计与实践

编　　著：卫东风
责任编辑：邵水一
封面设计：陈　劼
装帧设计：胡彦杰
技术编辑：史　湧
出版发行：上海人民美术出版社
地　　址：上海市闵行区号景路 159 弄 A 座 7 楼　邮编：201101
印　　刷：上海颛辉印刷厂有限公司
开　　本：787×1092　1/16　10 印张
版　　次：2024 年 3 月第 1 版
印　　次：2024 年 3 月第 1 次
书　　号：ISBN 978-7-5586-2880-1
定　　价：78.00 元